分子から材料まで どんどんつながる 高分子

断片的な知識を整理する

渡辺　順次
編

足立　馨
打田　聖
久保山敬一
黒木　重樹
杉山　賢次
戸木田雅利
中嶋　健
早川　晃鏡
著

丸善出版

序

　本書は，化学や物理の勉強をしてきたけれども，高分子科学を学んでいない，あるいは高分子科学が苦手な人たちに向けて書いた本です．高分子科学の大切なポイントをピックアップし，1節ずつ読みきりでまとめました．

　教科書をひととおり勉強して知識はあっても，「それらをつなぎ合わせて理解しなければ」覚えた知識を実際に活かせません．本書は，ある一つの用語について読むと，それに関係するいろいろなトピックスがどんどんつながっていき，関心のあるところから読み進めていくうちに，いつのまにかすべてがつながって自然と頭に入ってくるようにと工夫したものです．執筆したのは，東京工業大学 大学院理工学研究科 有機・高分子物質専攻の助教（現職および前職）の方々です．彼らは，研究室の学生の研究指導や，企業研究者となった同期生，OB，OGからの相談に日夜対応しており，初学者が実際の研究に携わるときにつまずいてしまうポイントを心得ています．そして，どのように解説したらよくわかってもらえるかを常に問い続けています．したがって本書の執筆者として適任と考えました．

　本書では，高分子科学一般の内容のすべてを網羅することより，初学者にとってわかりにくい，けれども高分子科学を理解する上で大切なポイントに的をしぼり，それを十二分に解説することにこだわりました．また，本書はページ順に読まれることを意図していません．むしろ辞書のように本書を身近に置いて，研究室で耳にした，または教科書を読んでもよくわからない専門用語を巻末の索引で調べ，該当する節から直感

的に読み進めていただければと思っています．一つの節の長さはどんなに疲れていても眠くなる前に読み切れるように4～6ページ程度にしました．さらに，各節のキーワードを節の見出しの直下に掲載するとともに，文中ではとくに大事なところを**太字**で示してあります．ほかの節を参照してほしい用語はアンダーラインで示し，その直後に（☞ページ番号）と記しました．それにしたがい興味の向くまま本書のページを行き来すると，当初の疑問が多面的に解決されるとともに関連する事項も自然と頭に入り，高分子科学の本質が深く理解できると思います．そして，指導教員や上司，先輩の手厳しい質問にもゆるがない知識が身につくと思います．

本書の範囲を越えたり，ページに収まりきらなかったりした内容は，参考文献に譲り，皆さんが入手しやすい和書，学術論文をあげるように努めました．皆さんの頭の中で高分子科学が「どんどん」つながり，高分子科学を学ぶ読者どうしが「どんどん」つながり，ひいては，高分子科学の未来が「どんどん」明るくなっていけば，編者および執筆者として，これに優る喜びはありません．本書が高分子科学に携わる皆さんのお役に立つことを心から願っています．

最後に，本書の企画を提案された丸善株式会社の角田一康氏に心から感謝申し上げます．冷静ながら情熱あふれる同氏の存在こそが，われわれを原稿に向かわせ，さまざまな困難を乗り越えさせて，本書を完成に導いたといっても過言ではありません．

2009年10月

渡辺順次

編者および執筆者一覧

編　者

渡　辺　順　次　　東京工業大学 大学院理工学研究科

執筆者

足　立　　　馨　　京都工芸繊維大学 大学院工芸科学研究科
打　田　　　聖　　東京工業大学 大学院理工学研究科
久　保　山　敬　一　　東京工業大学 大学院理工学研究科
黒　木　重　樹　　東京工業大学 大学院理工学研究科
杉　山　賢　次　　東京工業大学 大学院理工学研究科
戸　木　田　雅　利　　東京工業大学 大学院理工学研究科
中　嶋　　　健　　東北大学 原子分子材料科学高等研究機構
早　川　晃　鏡　　東京工業大学 大学院理工学研究科

（2009 年 10 月現在，50 音順）

諸君よ どうか気を一楽に

目　　次

1　高分子鎖一本の形態と大きさ，分子量 ………1

1.1　高分子の分子量……………………………………3
- 1.1.1　数平均分子量と重量平均分子量 ……………3
- 1.1.2　いろいろな分子量決定法 ……………………4
- 1.1.3　分子量分布 ……………………………………6

1.2　高分子鎖中でのモノマー単位の配列……………8
- 1.2.1　1種類のモノマーの結合様式………………8
- 1.2.2　立体規則性 ……………………………………9
- 1.2.3　2種類以上のモノマーからなる高分子の一次構造 ……………………………………12

1.3　高分子鎖一本の形態………………………………13
- 1.3.1　校庭で遊ぶ子供たちを例にして ……………13
- 1.3.2　コンフォメーション …………………………14
- 1.3.3　高分子鎖一本の広がり ………………………15
- 1.3.4　理想鎖のモデル ………………………………16
- 1.3.5　実在鎖 …………………………………………18
- 1.3.6　実在鎖の広がり ………………………………18
- 1.3.7　集団の中の高分子鎖一本 ……………………19

1.4　ゲル浸透クロマトグラフィー（GPC）…………20
- 1.4.1　GPCとは ………………………………………20

1.4.2　溶離液およびカラムの選択 …………………………21
　　　1.4.3　検出器 ……………………………………………………22
　1.5　質　量　分　析 ………………………………………………24
　　　1.5.1　高分子の質量分析 ……………………………………24
　　　1.5.2　MALDI-TOF MSによる高分子の分子量測定 …25
　　　1.5.3　最近の進歩 ……………………………………………27

2　高分子の力学的性質 ……………………………………29

　2.1　温度と時間スケールで変わる力学的性質 …………31
　　　2.1.1　マスターカーブ ………………………………………31
　　　2.1.2　シフトファクターとWLF式 ………………………33
　　　2.1.3　シフトファクターの意味 ……………………………34
　2.2　粘　弾　性 ………………………………………………………35
　　　2.2.1　粘弾性と力学模型 ……………………………………36
　　　2.2.2　振動するひずみに対する応力と弾性率 ……………37
　　　2.2.3　周波数分散と温度分散 ………………………………38
　2.3　ガ ラ ス 転 移 ……………………………………………………40
　　　2.3.1　ガラス転移はどうして起こるのか
　　　　　　（自由体積理論）…………………………………………41
　　　2.3.2　WLF式 …………………………………………………42
　　　2.3.3　ガラス転移の観測 ……………………………………43
　2.4　エントロピー弾性 ……………………………………………45
　　　2.4.1　再び，校庭で遊ぶ子供たちを例にして ……………45
　　　2.4.2　エントロピーとは ……………………………………46
　　　2.4.3　高分子鎖一本のエントロピー ………………………46
　　　2.4.4　エントロピー弾性 ……………………………………48
　　　2.4.5　スケーリング的アプローチ …………………………48

2.4.6　実験的確証 …………………………………………… 49
　　　コラム　次元解析 ………………………………………………… 50
2.5　ゴ　ム　弾　性 ……………………………………………………… 51
　　　2.5.1　実際のゴムとゴム弾性の違い …………………………… 52
　　　2.5.2　ゴム弾性の定義と起源 …………………………………… 52
　　　2.5.3　ゴムの引張試験 …………………………………………… 52
　　　2.5.4　アフィン変形 ……………………………………………… 54
　　　2.5.5　大変形と伸長結晶化 ……………………………………… 55
　　　2.5.6　ゴムの緩和現象 …………………………………………… 55
　　　2.5.7　ゴム弾性の熱力学 ………………………………………… 56
2.6　か ら み 合 い ………………………………………………………… 57
　　　2.6.1　弾性率に関する疑問 ……………………………………… 57
　　　2.6.2　からみ合いのモデル化 …………………………………… 59
　　　2.6.3　Brown運動と揺動散逸定理 ……………………………… 60
　　　2.6.4　レプテーション …………………………………………… 61
　　　コラム　Rouse模型 ……………………………………………… 63

3　高分子の結晶 ……………………………………………………… 65

3.1　高分子結晶の構造 …………………………………………………… 67
　　　3.1.1　結晶性高分子 ……………………………………………… 67
　　　3.1.2　球　　晶 …………………………………………………… 67
　　　3.1.3　ラメラ結晶 ………………………………………………… 68
　　　3.1.4　伸びきり鎖結晶・シシカバブ構造 ……………………… 70
　　　コラム　結晶性高分子はなぜ白い？ …………………………… 71
3.2　高分子結晶の偏光顕微鏡観察 ……………………………………… 72
　　　3.2.1　偏光顕微鏡の光学系の概略 ……………………………… 72
　　　3.2.2　高分子における複屈折 …………………………………… 73

3.2.3　直線偏光と複屈折 …………………………………75
3.2.4　球晶の複屈折と偏光顕微鏡写真 …………………76

3.3　結晶化度と微結晶サイズ …………………………………77
3.3.1　結晶化度 ………………………………………………78
3.3.2　微結晶サイズ …………………………………………80

3.4　高分子の結晶化と融解 ………………………………………82
3.4.1　結晶の成長機構（核生成と成長）…………………82
3.4.2　高分子結晶の融点 ……………………………………84
3.4.3　核　剤 …………………………………………………85

4　高分子の合成 …………………………………………87

4.1　高分子のつくり方 ……………………………………………89
4.1.1　重合法の分類 …………………………………………89
4.1.2　ビニル重合 ……………………………………………90
4.1.3　リビング重合 …………………………………………91

4.2　ラジカル重合 …………………………………………………93
4.2.1　ラジカル重合の素反応 ………………………………94
4.2.2　開始反応 ………………………………………………95
4.2.3　成長反応 ………………………………………………96
4.2.4　停止反応 ………………………………………………97
4.2.5　連鎖移動反応 …………………………………………99
4.2.6　ラジカル重合の理論分子量 …………………………100

4.3　アニオン重合 …………………………………………………101
4.3.1　アニオン重合の特徴 …………………………………101
4.3.2　アニオン重合の開始剤 ………………………………102
4.3.3　アニオン重合性モノマー ……………………………102
4.3.4　アニオン重合の溶媒，重合温度 ……………………104

4.3.5　アニオン重合による生成ポリマーの
　　　　　　立体規則性制御 …………………………105
4.4　カチオン重合…………………………………………106
　　　4.4.1　開始剤 …………………………………106
　　　4.4.2　モノマー ………………………………107
　　　4.4.3　ポリマー成長速度と生成ポリマーの構造 ………108
　　　4.4.4　カチオン重合のリビング性 ………………110
4.5　開　環　重　合………………………………………111
　　　4.5.1　アニオン開環重合 ………………………111
　　　4.5.2　カチオン開環重合 ………………………113
　　　4.5.3　開環メタセシス重合（ROMP）………………114
　　　4.5.4　その他の開環重合 ………………………115
4.6　リビング重合…………………………………………116
　　　4.6.1　リビング重合の概念：重合活性種の制御 ………116
　　　4.6.2　リビング重合の証明 ……………………117
4.7　重縮合・重付加・付加縮合…………………………120
　　　4.7.1　重縮合における基本的な置換反応 ……………120
　　　4.7.2　重付加 …………………………………125
　　　4.7.3　付加縮合 ………………………………126
　　　4.7.4　逐次重合における分子量分布制御 ……………127
4.8　高分子化学工業………………………………………129
　　　4.8.1　ポリエチレン ……………………………129
　　　4.8.2　ポリプロピレン …………………………130
　　　4.8.3　ポリ塩化ビニル …………………………131
　　　4.8.4　ポリスチレン ……………………………132
　　　4.8.5　ポリエステル ……………………………132
　　　4.8.6　ポリアミド ………………………………133

5 高分子の構造評価 ……………………………………… 135

5.1 光　散　乱 …………………………………………… 137
5.1.1 いろいろな散乱現象 …………………………… 137
5.1.2 静的光散乱 ……………………………………… 138
5.1.3 動的光散乱 ……………………………………… 140
5.1.4 光散乱測定による形状の推察 ………………… 142

5.2 溶液小角X線散乱による
　　粒子サイズと形状の決定 ……………………… 143
5.2.1 溶液小角X線散乱で得られる情報 …………… 143
5.2.2 領域I〜粒子の大きさがわかる ……………… 144
5.2.3 領域II〜散乱曲線から粒子の形は
　　　　どうわかる？ ……………………………… 145
5.2.4 領域III〜界面の情報 ………………………… 147

5.3 小角X線散乱による
　　ミクロ相分離構造の同定 ……………………… 148
5.3.1 ミクロ相分離構造 …………………………… 148
5.3.2 小角散乱法によるミクロ相分離構造の判別 …… 149
5.3.3 構造因子による散乱ピークの消滅，
　　　　粒子散乱ピークの出現 …………………… 150
5.3.4 層状構造からの散乱 ………………………… 151

5.4 実 空 間 観 察 ………………………………………… 152
5.4.1 実空間と逆空間 ……………………………… 152
5.4.2 レンズとFourier変換 ………………………… 153
5.4.3 走査プローブ顕微鏡 ………………………… 154
5.4.4 原子間力顕微鏡 ……………………………… 155
5.4.5 原子間力顕微鏡の触診技術としての利用 …… 156

　　　　5.4.6　弾性計測および粘弾性計測 …………………156
　　　　コラム　三次元電子顕微鏡 …………………158
　5.5　複屈折測定……………………………………159
　　　　5.5.1　Senarmont法 …………………………159
　　　　5.5.2　平行ニコル法 …………………………160
　　　　5.5.3　Berekコンペンセーターによる方法 ………162
　　　　5.5.4　透過光強度の波長分散による方法 ………162
　　　　5.5.5　複屈折測定上の注意 …………………163
　5.6　核磁気共鳴（NMR）……………………………164
　　　　5.6.1　核磁気共鳴とは …………………………164
　　　　5.6.2　化学シフト ………………………………165
　　　　5.6.3　NMRによる立体規則性の評価 …………166

6　機能性高分子材料……………………………………169

　6.1　高分子の相溶性——Flory-Huggins理論——……171
　　　　6.1.1　混合自由エネルギー ……………………171
　　　　6.1.2　混合エントロピー ………………………172
　　　　6.1.3　混合エンタルピー ………………………174
　　　　6.1.4　ポリマーブレンドの混合自由エネルギー ………175
　　　　6.1.5　相溶性および非相溶性ポリマーブレンドの
　　　　　　　特性 ………………………………………175
　6.2　ポリマーブレンドの構造制御 …………………176
　　　　6.2.1　ブレンドの構造を左右する因子 …………177
　　　　6.2.2　相溶化剤による効果 ……………………180
　　　　6.2.3　その他の相分離構造形成機構 …………181
　　　　コラム　相溶性と相容性 ………………………182
　6.3　有機・無機複合材料 ……………………………182

　　　　6.3.1　有機高分子・無機複合材料の合成法 ……………183
　　　　6.3.2　有機高分子・無機複合材料の解析法 ……………186
　6.4　微粒子の調製 …………………………………………………188
　　　　6.4.1　高分子微粒子の調製法 ……………………………188
　　　　6.4.2　高分子微粒子の粒径および
　　　　　　　内部構造制御・表面制御 …………………………191
　6.5　π共役系高分子 ………………………………………………193
　　　　6.5.1　導電性 ………………………………………………194
　　　　6.5.2　電界発光 ……………………………………………195
　　　　6.5.3　溶解性の問題 ………………………………………196
　　　　6.5.4　π共役系セグメントを含むブロック共重合体 …196
　6.6　プロトン伝導性高分子 ………………………………………197
　　　　6.6.1　固体高分子形燃料電池 ……………………………197
　　　　6.6.2　パーフルオロスルホン酸系高分子 ………………198
　　　　6.6.3　全芳香族炭化水素系高分子 ………………………199
　　　　6.6.4　全芳香族炭化水素系高分子の
　　　　　　　プロトン伝導チャネル形成 ………………………200
　　　　6.6.5　無加湿型リン酸系高分子 …………………………201
　6.7　高分子ブロック共重合体リソグラフィー・
　　　　ナノテンプレート ……………………………………………202
　　　　6.7.1　ブロック共重合体リソグラフィーの特徴 ………202
　　　　6.7.2　ブロック共重合体薄膜の調製 ……………………203
　　　　6.7.3　選択的エッチングによる
　　　　　　　ナノテンプレートの作製 …………………………205
　　　　6.7.4　微細加工サイズとミクロ相分離構造の
　　　　　　　長距離秩序構造制御 ………………………………207

索　　引 ……………………………………………………………………209

1章

高分子鎖一本の形態と大きさ，分子量

　高分子は下の絵のように子供たちが手をつないだようなものである．この手をつないだ集団には長い列もあれば短い列もある．また男の子だけの列もあれば，女の子と男の子がばらばらに手をつないでいる列もある．そしてそれぞれの列は子供たちが自由に動き回るので，時々刻々と形を変えながら動いている．

　このような自由気ままな高分子をどう理解すればいいのだろうか．これが本章の目的である．高分子を知る上でもっとも基礎となる，分子量（列の長さ），コンフィギュレーション（列のつながり方），コンフォメーション（列の形）について，イメージをもって読み進めてほしい．

1.1 高分子の分子量

> この節のキーワード：
> 数平均分子量，重量平均分子量，分子量分布

　高分子（ポリマー）は「モノマー」とよばれる繰り返し単位が多数つながったもので，その繰り返し数，つまり分子量は一般的に単一ではなく分布をもっている．もちろんタンパク質や DNA などの生体高分子は分布がなく単一の分子量であるが，ここではそのような系ではなく合成高分子の分子量について考える．高分子のテキスト[1]には**数平均分子量**と**重量平均分子量**という二つの平均分子量が必ず書かれているが，本節ではこれらの違いについて述べていく．

1.1.1 数平均分子量と重量平均分子量

　次の問 1 と問 2 の違いを考えてみよう．

問 1　「分子量 1 000 の高分子 1 mol と，分子量 10 000 の高分子 1 mol を混ぜた平均の分子量はいくつか？」

問 2　「分子量 1 000 の高分子 1 g と，分子量 10 000 の高分子 1 g を混ぜた平均の分子量はいくつか？」

　二つを見比べると違いは「1 mol」と「1 g」である．小学生の知識で平均の計算をするとどちらも (1 000+10 000)/2 で 5 500 となる．問題文が違うのに解答がどちらも 5 500 と同じになるとはどういうことだろうか．

　問 1 をもう少し具体的に考えてみる．分子量 1 000 の高分子 1 mol は 1 000 g で，分子量 10 000 の高分子 1 mol は 10 000 g なので，問 1 を言い換えて問 3 とすると，

問 3　「分子量 1 000 の高分子 1 000 g と，分子量 10 000 の高分子 10 000 g を混ぜた平均の分子量はいくつか？」

となる．この問を計算すると，$(1\,000\times1\,000+10\,000\times10\,000)/(1\,000+10\,000)\fallingdotseq9\,200$ と求められる．問 1 と問 3 は同じものを計算したはずなのだが，平均の値が違うのはどういうことなのだろうか．

もうお気づきであろうが今回の問題文ではあえて「平均」という言葉を曖昧に使っている．よく問題文を読み返すと問 1 ではモルに対しての平均を計算しているのに対し，問 2，問 3 では重さに対しての平均を算出している．この「平均」の違いが問 1 と問 3 で解答が異なる原因である．また分子量にかかわらず 1 mol には Avogadro 数（N_A）個の分子が存在するので，問 1 は分子の数に対しての平均ともいえる．

高分子のテキストには**数平均分子量**と**重量平均分子量**の定義式が示されているが，実際はそんなに難しく考える必要はない．今回の問 1 のようにモルあたり，あるいは分子数あたりの平均が**数平均分子量**（M_n）であり，問 2，問 3 のように重さあたりの平均が**重量平均分子量**（M_w）である．

1.1.2　いろいろな分子量決定法

ではなぜ平均分子量が二つも存在するのであろうか．これは高分子の分子量決定は低分子化合物と比べて困難で，そのために数多くの研究者がより正確な分子量を求めようとした歴史が背景にあるためである．その背景を簡単に紹介していこう．

まず高分子は分子量が大きいので低分子化合物の分子量決定法がそのままでは適用できないことが多い．たとえば高校の教科書で紹介されている分子量決定法の一つである沸点上昇や凝固点降下は，

$$\Delta T = kc \qquad (1.1)$$

の式で示され，温度変化量 ΔT はモル沸点上昇（またはモル凝固点降下）k と，溶媒 1 kg 中に溶けている物質の質量モル濃度 $c\,[\mathrm{mol\ kg^{-1}}]$ との積で決まることが知られている．これを高分子の分子量測定にあてはめてみると，高分子は低分子化合物と比べて分子量が 10～1 000 倍違うので，同じ重さの高分子を溶かした溶液の質量モル濃度 c は 10～

1000分の1であり，結果として観測される温度変化 ΔT も 10〜1000 分の1となり，精度よく分子量を決定することが難しい．

そこで測定精度の低い温度を観測しない方法として浸透圧を利用した分子量決定法が開発された．これは高分子を溶かした溶液と純溶媒を半透膜で仕切り，その間にかかる浸透圧を測定する方法である．理想状態の浸透圧は van't Hoff の式として知られているもので，ある温度 T における浸透圧 Π は分子量 M と溶液の重量濃度 $c[\text{g L}^{-1}]$ を用いて，

$$\Pi = \frac{RT}{M} c \tag{1.2}$$

と示される．この方法では数万から数十万の分子量を決定することができ，高分子科学初期の標準的な分子量決定法であった．

分光学の進展も分子量決定の進歩に多大な影響を与えている．高分子はモノマーが繰り返された構造であるため，高分子鎖末端にモノマーと異なる構造が存在すれば，末端部とモノマー部とのスペクトル比から分子量を算出することができる．末端部の制御は高分子合成の工夫が必要だが，NMR（▶ p.165）や UV-vis，FT-IR などの測定で簡便に分子量を決定できる利点は大きい．

5.1節で紹介する光散乱法も絶対分子量を測定するもっとも有力な手段の一つである．これは高分子溶液に光（主にレーザー光）を入射したときのある散乱角 θ での散乱強度を測定する方法である．ある角度における散乱強度は一般には Rayleigh 比 $R(\theta)$ の形で取り扱われ，

$$R(\theta) = KcMP(\theta) \tag{1.3}$$

のようになる．詳細は5.1節で示すが，Rayleigh 比 $R(\theta)$ は溶液の重量濃度 $c[\text{g L}^{-1}]$，高分子の分子量 M，粒子散乱関数 $P(\theta)$ などによって決まることから高分子の分子量を決定することができる．この光散乱法の利点は分子量が高いものほどより強い散乱が得られるため，高分子量体の分子量を正確に決定できる点である．これは浸透圧法や末端定量法が分子量が高くなるにつれ精度が落ちるのとは対照的である．つまり低分子量なら浸透圧法，高分子量なら光散乱法というように，求めたい

分子量に応じて測定法を使い分ける必要がある．

ここで先ほどの「平均には違いがある」ことを思い出してみよう．浸透圧法は重量濃度 c と分子量 M から，式 (1.2) に示すように c/M，つまりモル濃度を基準に計算を行っている．末端定量法は末端とモノマーの数の比から算出している．光散乱法では溶液の重量濃度を濃度として計算している．つまり浸透圧法と末端定量法では**数平均分子量**が，光散乱法では**重量平均分子量**が得られることとなる．冒頭の「なぜ二つの平均分子量が存在するのか？」に対する答はただ単純に「測定法が違うから」ということになる．

1.1.3 分子量分布

前述の問1と問3のように同じ混合物でも平均分子量が異なるというのは「測定法が違うから」ということは理解できても，「二つある意味がわからない」あるいは「どちらか一つにすればいい」と思うかもしれない．しかし数平均と重量平均の二つの平均分子量を知ることは，高分子を扱う上では重要なことである．それは平均というのは母集団にあるさまざまな値を一つの数字にしてしまうことで，平均から母集団の値のばらつきを見ることは不可能だからである．たとえば問1のように $M_n=5\,500$ となる混合法はほかにも無限大にある．分子量 4 000 と分子量 7 000 の高分子を当モル混合しても $M_n=5\,500$ となるし，分子量 1 000 の高分子に分子量 1 000 000 の高分子を 0.5 mol% 添加してもほぼ同じ値となる．

高分子は単一な分子量ではなく，あるばらつきをもったものの集合体であるので，平均値としての分子量で議論するだけでなく，そのばらつき（**分子量分布**）についての情報も必要となることがある．**分子量分布**のもっとも簡便な指標としては，**重量平均分子量**を**数平均分子量**で割った値（M_w/M_n）を用いることが多い．たとえばDNAやデンドリマーのような単一な分子量をもつ高分子では M_n と M_w は同じ値となるため $M_w/M_n=1$ となる．また，リビング重合（⇒ p.116）のような制御さ

れた重合法では分子量分布が狭く（$M_w/M_n<1.1$），ラジカル重合（📖 p.93）ではもう少し**分子量分布**が広い（$M_w/M_n=1.5\sim2$）ことが，M_w/M_n を比較することで簡単に理解できる．

表1.1に主な分子量決定法を示す．表を見てのとおり測定法は上記の三つ以外にもあり，それぞれに得意とする測定範囲がある．また，測定で得られる平均分子量も**数平均分子量**や**重量平均分子量**だけでなく，z平均分子量（M_z）や粘度平均分子量（M_v）も存在する．これらの詳細は良書[2]を参考にしていただきたい．

古くは平均値としてしか求められなかった高分子の分子量であるが，現在では**分子量分布**を視覚的に見ることができるようになった．GPC（📖 p.20）はその代表的な測定法で今や高分子の分子量決定には欠かせない機器となっている．また本来なら高分子はモノマー単位ごとの不連続な分子量の集まりであるが，そのようなことまでも見ることができるようになった質量分析（📖 p.24）法も非常に有用な分子量決定法となっている．このように測定法の進展とともに，より正確な高分子の分子量測定法が開発されつつあるが，将来的には高分子を高精度な電子顕微鏡や原子間力顕微鏡（📖 p.155）で直接観察し，その長さを測ることで分子量や**分子量分布**を決定する方法が標準となる日が来るのかもしれない．

表 1.1　主な分子量決定法

測定法	平均の種類	測定範囲
末端定量法	M_n	$\sim10^4$
蒸気圧浸透圧法	M_n	$\sim10^4$
浸透圧法	M_n	$10^4\sim10^6$
光散乱法	M_w	$10^4\sim10^7$
沈降平衡法	M_w, M_z	$10^4\sim10^7$
質量分析法	M_n, M_w	$\sim10^5$
粘度測定法	M_v	$\sim10^7$
GPC	M_n, M_w	$\sim10^7$

参考文献

1) たとえば、中浜精一 ほか、"エッセンシャル高分子科学"、第2章、講談社（1988）
2) 高分子学会 編、"新高分子実験学1 高分子実験の基礎 分子特性解析"、第3章、共立出版（1994）

1.2 高分子鎖中でのモノマー単位の配列

> **この節のキーワード：**
> 一次構造，頭-尾結合，1,4-付加，幾何異性体，立体規則性（タクティシティー），ダイアッド，メソ，ラセモ，トリアッド，アイソタクティックトリアッド，シンジオタクティックトリアッド，ヘテロタクティックトリアッド，アイソタクティック高分子，シンジオタクティック高分子，アタクティック高分子，コンフィギュレーション，ランダム共重合体，交互共重合体，ブロック共重合体，グラフト共重合体

モノマーの結合によって決定される高分子の分子量や分子量分布（▶ p.6），モノマーの配列様式を高分子の**一次構造**とよぶ．一次構造のうち，本節では高分子鎖中のモノマーのつながり方を考える．

1.2.1 1種類のモノマーの結合様式

（1） ビニルモノマー間の結合様式

ビニルモノマー（$CH_2=CHX$）のCH_2を尾，CHXを頭とすると，主鎖中のモノマーの結合様式には**頭-尾結合**，頭-頭結合，尾-尾結合の

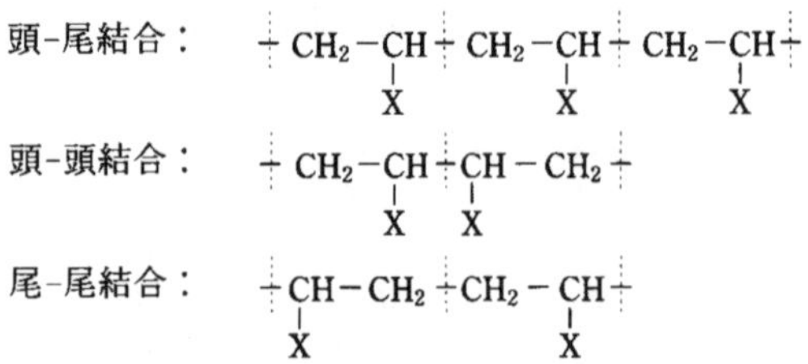

$$
\begin{aligned}
&頭\text{-}尾結合： &&-CH_2-CH-CH_2-CH-CH_2-CH- \\
& && \quad\quad\quad\;\; | \quad\quad\quad\quad | \quad\quad\quad\quad\; | \\
& && \quad\quad\quad\;\; X \quad\quad\quad\quad X \quad\quad\quad\quad X \\
&頭\text{-}頭結合： &&-CH_2-CH-CH-CH_2- \\
& && \quad\quad\quad\;\; | \quad\quad | \\
& && \quad\quad\quad\;\; X \quad\; X \\
&尾\text{-}尾結合： &&-CH-CH_2-CH_2-CH- \\
& && \; | \quad\quad\quad\quad\quad\quad\quad | \\
& && \; X \quad\quad\quad\quad\quad\quad\; X
\end{aligned}
$$

図 1.1 ビニルポリマーの頭-尾結合，頭-頭結合，尾-尾結合

3通りがある．ポリスチレン（PS）やポリメタクリル酸メチル（PMMA）の場合，ほぼ100％が頭-尾結合となる（図1.1）．

（2） 共役ジエンモノマー間の結合様式

共役ジエンはモノマー中に二重結合を2個有する共役ジエンからなるポリマーでは，**1,4-付加**，1,2-付加，3,4-付加と3種類の結合様式が可能になる．1,4-付加では主鎖中に二重結合があるため，シス体，トランス体の二つの**幾何異性体**が生じる（図1.2）．

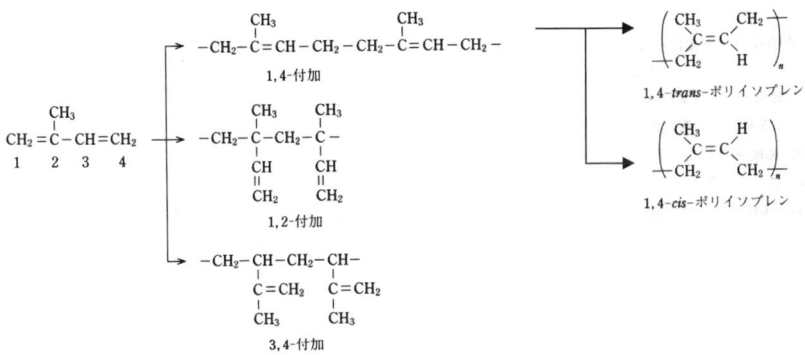

図 1.2　ポリイソプレンにおける結合様式と1,4-付加体の幾何異性体

その他，開環重合（▶ p.111）で複数の開裂様式が存在する場合，頭-尾結合，頭-頭結合，尾-尾結合の結合様式を考える必要がある．

1.2.2 立体規則性

ビニルポリマー（-CH$_2$-CHX-）ですべてのモノマー間の結合が頭-尾結合の場合，モノマーの配列様式に更なる規則性を考える必要がある．置換基Xが結合したα炭素は，その4本の手に，水素原子，置換基，そして重合度と末端基の異なる二つの高分子鎖が結合している不斉炭素である．つまり，繰り返し単位にd体とl体があるため，その配列の規則性が問題となるからである．この配列の規則性を**立体規則性**（**タクティシティー**）とよぶ．

ポリスチレン（PS）で考えてみよう．フェニル（Ph）基が結合して

いる炭素原子には，水素原子 (H)，隣接する炭素原子一つを挟んで長さの異なる二つの高分子鎖 X, Y が結合している．つまりこの炭素原子の4本の手はすべて異なる原子団と結合している不斉炭素であり，図1.3のように2種類の立体異性を生じる．ここで，主鎖のコンフォメーション (⇒ p.14) をすべてトランス (⇒ p.14) に固定して紙面に置いたとき，不斉炭素 C* に結合した Ph 基が紙面より上側に出る場合を d 体，下側の場合を l 体と定義する．

高分子鎖では X, Y の区別は明確でないから，d と l の区別よりも，主鎖中でのそれらの連なり方が重要になる．連続する n 個のモノマーユニットの立体規則性を n 連子という．$n=2$ の**ダイアッド**には2個のモノマー単位の立体配置が同じ (dd または ll) の**メソ** (m) と，逆 (dl または ld) の**ラセモ** (r) がある (図1.4)．

$n=3$ の**トリアッド**には，3個のモノマーユニットの立体配置が ddd

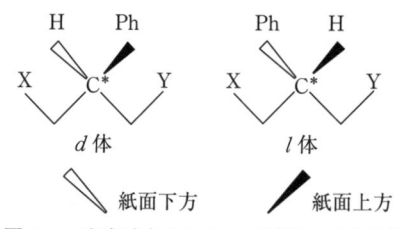

図 1.3 炭素結合まわりの2種類の立体異性

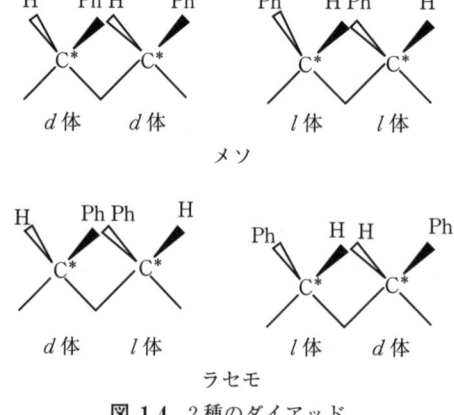

図 1.4 2種のダイアッド

（または *lll*）の**アイソタクティックトリアッド**, *ddl*（または *lld*）の**ヘテロタクティックトリアッド**, *dld*（または *ldl*）の**シンジオタクティックトリアッド**の3種類ある．これらをダイアッドの組合せで，それぞれ *mm*, *mr*, *rr* と表記する．その表記法の規則は，たとえばヘテロタクティックトリアッドの場合，1番目のモノマーユニットと2番目のモノマーユニットの立体配置が同じであることを *m*, 2番目と3番目のモノマーユニットの立体配置が異なることを *r* と表し，それらをつなげて *mr* と表記するのである．

同じように，*n* 連子はダイアッドの組合せで表記する．たとえば9連子 *ddllddlld* は隣り合う *d* と *l* の間の関係を8個の *m* と *r* で *mrmrmrmr* と表記する．

一本の高分子鎖のすべてのダイアッドを考えよう．ダイアッドがすべて *m* であるものを**アイソタクティック高分子**，すべて *r* であるものを**シンジオタクティック高分子**，*m* と *r* が混在するものを**アタクティック高分子**とよぶ．これらの違いは，ポリマー主鎖のコンフォメーションをすべてトランスとして主鎖炭素原子をすべて同一平面に並べてみるとよくわかる（図 1.5）．各モノマーユニットの置換基（PS では Ph 基）は平面の上下どちらかに位置する．アイソタクティック高分子の置換基はすべて平面の上（または下）に位置する．シンジオタクティック高分子の置換基は平面上下互い違いに位置する．これらに対して，アタクティック高分子の置換基の位置には規則性がない．

ビニルポリマー中の不斉炭素原子の存在は 1932 年には Staudinger によって考えられていたけれども，立体規則性高分子の構造が実際に明ら

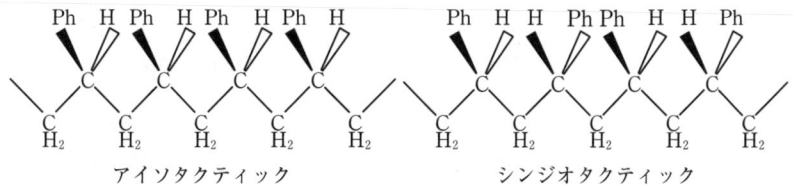

図 1.5 ビニル高分子の立体規則性（ポリスチレンを例に）

かになり，高分子科学に立体科学の考え方が本格的に導入されたのは，1950年代のZieglerとNattaらによる立体規則性重合触媒の出現以降である．高分子の立体規則性は，高分子の固体構造，固体物性，溶液物性などに大きく影響する．たとえば，立体規則性が高いアイソタクティック高分子，シンジオタクティック高分子は結晶性高分子となるけれども，アタクティック高分子は非晶性になりやすい．

高分子鎖の**立体規則性**は共有結合を切ってつなぎかえる以外，置換基や主鎖の結合まわりで回転させても変化しない，つまり重合時に決定されてしまう構造である．このような構造を**コンフィギュレーション**という．コンフィギュレーションには，立体規則性のほか，1.2.1項で述べた頭-尾結合や幾何異性もある．これらコンフィギュレーションの定量には核磁気共鳴（NMR）（ ▶ p.165）法が有力である[1]．立体規則性の定量は5.6節で紹介する．

1.2.3　2種類以上のモノマーからなる高分子の一次構造

2種類以上のモノマーを用いて重合すると，一本の高分子鎖中に2種類以上のモノマー単位を含む共重合体が生成する．共重合体においても，高分子鎖中でのモノマーの配列が問題となる．この共重合体中のそれぞれのモノマーの存在割合とその配列順序は高分子の特性を決定する重要な因子であり，重合反応方法，モノマーの組合せで決まる．ここでは，2種類（A，B）のモノマーから生成する共重合体の構造の多様性について考える．

繰り返し単位が不規則に配列しているものを**ランダム共重合体**，交互に配列したものを**交互共重合体**という．同種の繰り返し単位が数個連続でつながっているものを**ブロック共重合体**，また，主鎖の繰り返し単位と異なる繰り返し単位を枝にもつ高分子を**グラフト共重合体**とよぶ（図1.6）．

以上，述べてきた分子量，分子量分布を含め高分子を構成する繰り返し単位の結合の仕方，共重合における繰り返し単位の結合配列の様式を

```
ランダム共重合体    -AABABABBAABABAAABB-
交互共重合体       -ABABABABABABABABAB-
ブロック共重合体    -AAAABBBBBAAAAABBBB-
グラフト共重合体    -AAAAAAAAAAAAAAAAA-
                     |        |        |
                     BBBBBBB  BBBBBBB  BBBBBBB
```

図 1.6　二元共重合体の一次構造

高分子の**一次構造**とよぶ．一次構造は，溶液中での高分子鎖一本の空間形態である二次構造，高分子鎖の集合体の形態である三次構造，高次構造とそれにともなう物性を決定する第一要因となる．

参考文献
1) 高分子学会 編，"入門高分子特性解析"，5章，6章，共立出版（1984）

1.3　高分子鎖一本の形態

この節のキーワード：
コンフォメーション，トランス，ゴーシュ，回転異性体，ランダムコイル，自由連結鎖，末端間距離，自由回転鎖，理想鎖，Gauss 鎖，みみず鎖，持続長，慣性半径，実在鎖，排除体積

1.3.1　校庭で遊ぶ子供たちを例にして

　子供たちが校庭で手に手をとって一本のひもをつくり，おしくらまんじゅうのような遊びをしている．両手がふさがっているという拘束はあるが，おのおのはできるだけ自分の好き勝手な方向に進もうとしている．校舎の屋上からそんな風景のスナップショットを撮ろうとしている先生がいる．何枚撮ってもひとつとして同じ風景を撮影することはでき

ないだろう．ただし，観察力のある先生ならば次のような考えに至るだろう．すなわち，10人くらいの集団ならばときに丸まり，ときにほとんど一直線になったような写真が撮れるだろうが，もし100人，1 000人と子供がいたら，子供たちの集団は常にほとんど丸まっている．

このような観察を，実在の高分子鎖一本で行えるならば同じような結論を得るに至る．ただしそういった実空間（▶ p. 153）観察はたいへん難しい．まず高分子鎖一本の広がりの程度はおおよそ数〜数十ナノメートルである．そして子供たちと違って，高分子が形態を変えていく速さは格段に速い．サイズに関しては，原子間力顕微鏡（▶ p. 155）のような特殊な装置を用いれば，平滑な基板上に吸着してぴたりとも動かない高分子鎖一本の形態を見ることができる[1]．したがって，過去にStaudingerらが行った高分子は単なる分子集合体なのか，それとも一本のひもなのかという長い論争を繰り返す必要はなく，今では高分子はひも状であると断言できる．弱く吸着した高分子鎖一本の動きを可視化する技術も開発されつつある[2]．しかしながら，たとえば溶液中に三次元で広がっている高分子鎖一本のスナップショットを撮ることはまだ実現できていない．そこで科学者は統計力学の手法を用いて，観測可能な物理量を導き，そこから逆に子供たちの動きを推論するのである．

1.3.2 コンフォメーション

高分子鎖一本の一次構造，コンフィギュレーション（▶ p. 12）が化学の範疇であるのに対し，二次構造である**コンフォメーション**は物理の範疇の概念である．ひもをもう少し詳しく見ていくとやがてはC–C結合が見えてくる．このC–C軸を中心とした内部回転が許されているために，子供たちが好き勝手な形態をとれるのと同じように高分子鎖一本の空間配置にも大きな自由度がある．ひとつのC–C結合のまわりでは「とりやすい」，すなわちエネルギー的に得な配置として，図1.7に模式的に示すように**トランス**位（t）とそこから時計・反時計回りに120°回転した二つの**ゴーシュ**位（g^+，g^-）の三つがある．主鎖中のC–

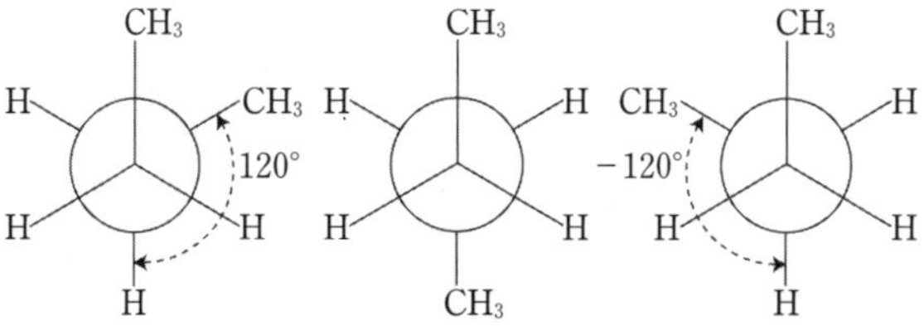

図 1.7 ノルマルブタンの回転異性体（Newman 投影図）

C 結合の数が 100 あれば $3^{100} \simeq 10^{48}$ 個程度の**回転異性体**があることになる．しかも一つの**コンフォメーション**に留まっている時間は非常に短い．

そのことを理解するために単純な計算をしてみよう．おおざっぱにいって，**トランス**と**ゴーシュ**の間には 2.5×10^{-20} J のエネルギー障壁がある．**ゴーシュ**間では 3.4×10^{-20} J である．平均するとおおよそ $E = 3.0 \times 10^{-20}$ J である．室温の熱エネルギーはだいたい $k_B T = 0.4 \times 10^{-20}$ J であるので，Boltzmann 因子 $\exp(-E/k_B T) = 5.5 \times 10^{-4}$ の確率で障壁を乗り越えられることになる．非常に小さい確率にみえるかもしれないが C–C 結合の回転振動数はおおよそ $3 \sim 6 \times 10^{12}$ Hz なので結局 1 秒間に 10^9 回も転移が起きていることになる．高分子の場合には低分子に比べて分子量が桁違いに大きいので，この数字になることはないと思われるが，それでも普通の「カメラ」ではスナップショットは撮れないのである．このような高分子の運動はミクロブラウン運動（▶ p.33）とよばれ，力学的・電気的性質に大きく影響する．

1.3.3 高分子鎖一本の広がり

ひも状の高分子鎖一本が糸まり状に縮こまった形態を**ランダムコイル**とよんでいる．この**ランダムコイル**のおおよそのサイズを議論するのに統計力学的手法が有用である．ここではその難しい議論には立ち入らず，単純なモデルを使って重要な帰結を記述するに留める．図 1.8 のように高分子鎖一本の両端を結ぶベクトル $\boldsymbol{R}$ を考える．このベクトルが

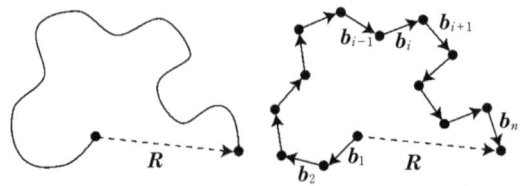

図 1.8 高分子鎖一本の末端間距離

主鎖に沿ってある固定された長さをもつボンドベクトル b_i の和であることは容易に理解できる.

$$R = \sum_{i=1}^{n} b_i \tag{1.4}$$

この基本的な関係式を用いて,さまざまなレベルで形態のモデルを考えることが可能である.もっとも単純なモデルが**自由連結鎖**モデルとよばれるもので,ボンドベクトルの長さがすべて等しく($|b_i|=b$),隣り合うボンドベクトルのなす角にまったくの制限を加えないものである.結論のみ示すと**末端間距離** R は重合度を n として

$$R = \sqrt{\langle R^2 \rangle} = \sqrt{n}\,b \tag{1.5}$$

と書ける.ここで $\langle\ \rangle$ は時間平均あるいは集団平均である.この高分子鎖一本を完全に引き延ばすと全長は nb であるはずなので,R と nb の比は $1/\sqrt{n}$ となる.$n \sim 10\,000$ とするとこの値は $1/100$ である.つまり全長の $1/100$ に縮こまったものが**ランダムコイル**であるということになる.ちなみに $b=0.24$ nm とすると $R=24$ nm となる.

1.3.4 理想鎖のモデル

さらに近似を上げることも可能である.たとえば隣り合う C–C 結合間の結合角 θ を固定した**自由回転鎖**モデル,上述の内部回転のポテンシャルを考えるモデルなどがある.

$$R = \sqrt{\langle R^2 \rangle} = \sqrt{\frac{1-\cos\theta}{1+\cos\theta}}\sqrt{n}\,b \tag{1.6}$$

は**自由回転鎖**モデルの計算結果である[3].実際の C–C 結合では θ は正

四面体角なので $\cos\theta = -1/3$ を代入すると $R = \sqrt{2n}\,b$ となる．たかだか $\sqrt{2}$ 倍の違いしかない．モデルを精密にして得るものはそれほど多くない．むしろ $R \propto \sqrt{n}$ とだけ覚えておくほうが本質を理解していることになる．この関係にあるモデル高分子鎖一本を**理想鎖**とよんでいる．あるいは 2.4 節で展開する理論的枠組みから **Gauss 鎖**ともよばれる．なおボンド（あるいはセグメントとよぶ）が数学的な棒ではなく，ある程度の弾性をもつとする考え方で近似を高める方法もある[4]．逆に回転の自由度のない剛直な高分子鎖一本を記述するための**みみず鎖**モデルというものもある[5]．詳しくはさまざまな教科書に記されているのでここでは割愛するが，そちらのモデルに現れる**持続長**というセグメントの剛直度を示すパラメーターを振ることで**みみず鎖**モデルによるランダムコイルの記述も可能である．

ところで実際の実験で R がただちに求まるということはない．その代わりに図 1.9 に模式的に示した高分子鎖一本の重心 G からの広がりである**慣性半径**の 2 乗の平均値 $\langle S^2 \rangle$ は高分子溶液の**静的光散乱**（p. 138）から求めることができる．原点 O からの各セグメントへのベクトルを $\boldsymbol{R}_i$，O から重心 G へのベクトルを $\boldsymbol{R}_G$，重心から各セグメントへのベクトルを $\boldsymbol{S}_i$ とする．このとき $\langle S^2 \rangle$ は

$$\langle S^2 \rangle = \frac{1}{n} \sum_{i=1}^{n} \langle S_i^2 \rangle \tag{1.7}$$

$$\boldsymbol{S}_i = \boldsymbol{R}_i - \boldsymbol{R}_G \tag{1.8}$$

$$\boldsymbol{R}_G = \frac{1}{n} \sum_{i=1}^{n} \boldsymbol{R}_i \tag{1.9}$$

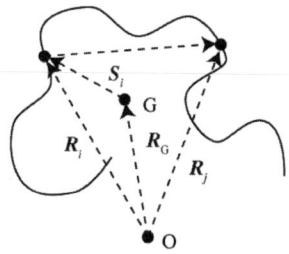

図 1.9 高分子鎖一本の重心と各ベクトルの関係

で定義されるが，式（1.5）を導いたのと同様の計算を行えば[3]，

$$\langle S^2 \rangle = \frac{1}{6} \langle \boldsymbol{R}^2 \rangle \tag{1.10}$$

の関係があることが示される．

1.3.5 実 在 鎖

　理想鎖またはGauss鎖はその導出過程からみても明らかなようにあくまでもモデルである．高校物理でも学んだ理想気体と実在気体というのがあるように，高分子鎖一本にも**実在鎖**というものがある．理想気体では気体分子自身の体積，分子間の相互作用を無視している．理想鎖も同様である．しかしながら，校庭で遊ぶ子供たちがどんなにぎゅうぎゅうに小さくなろうとしても自分たちの大きさの総和よりも小さくはなれないのと同様，実際には有限のサイズをもつセグメントどうしが同じ空間を占めることはできないために，**実在鎖**のサイズは理想鎖のそれよりも大きくなる．これを**排除体積**効果とよぶ．**実在鎖**の理論はたいへん難解である．セグメントと溶媒の相互作用，セグメントどうしの直接的な相互作用，溶媒を介したセグメントどうしの相互作用など数え上げればきりがない．ここでは高分子物理学の大家であるFloryによって考えられ，同じく大家であるde Gennesによってその意味を明確にされた方法を紹介することにする[6]．最終的には $R \propto n^{3/5}$ の関係が得られるが，内容的にエントロピー弾性（▶ p.45）を使って議論するので該当の項を読んでから戻ってきてほしい．

1.3.6 実在鎖の広がり

　未知の半径 R の中に n 個のセグメントがあるとする．このとき，内部のセグメント数密度 c_{int} は，

$$c_{\mathrm{int}} \simeq \frac{n}{R^3} \quad (\text{体積は本来} \frac{4\pi}{3}R^3 \text{だが，数係数を無視するのが慣例}) \tag{1.11}$$

となる．高分子鎖一本の内部ではセグメントどうしの間に斥力が働く．化学反応の速度論のところでも出てくるように，衝突問題なので単位体積あたりの斥力エネルギー $F_{\text{rep,unit}}$ はセグメント数密度の2乗に比例する（より専門的にはここで平均場近似という操作をしている）．

$$F_{\text{rep,unit}} \cong k_B T v(T) c_{\text{int}}^2 \qquad (1.12)$$

ここで v は**排除体積**パラメーターとよばれ，セグメントの体積やさまざまな相互作用パラメーターが含まれている．v は6.1節で登場する相互作用パラメーター（🔖▶ p.174）χ と非常に深い関係があることもここで明記しておこう．高分子鎖一本全体では体積 R^3 をかけて

$$F_{\text{rep}} \cong k_B T v(T) c_{\text{int}}^2 \times R^3 = k_B T v \frac{n^2}{R^3} \qquad (1.13)$$

この項は当然ながら R を大きくしようとする．しかしながらあまり大きくなりすぎるとエントロピー弾性的に不利となる．半径が R のときの弾性エネルギーは，

$$F_{\text{el}} \cong k_B T \frac{R^2}{nb^2} \qquad (1.14)$$

と書けるので（2.4節の式（2.24）参照），全エネルギーは

$$\frac{F}{k_B T} = v \frac{n^2}{R^3} + \frac{R^2}{nb^2} \qquad (1.15)$$

となる．実現する半径 $R = R_F$ は式（1.15）を最小にするものである．

$$\frac{\partial}{\partial R} \left(\frac{F}{k_B T} \right) = -3v \frac{n^2}{R^4} + \frac{2R}{nb^2} = 0 \quad \therefore \quad R_F^5 \cong vb^2 n^3 \qquad (1.16)$$

ここで $R \propto n^\nu$ と仮定すると $\nu = 3/5$ となる．この結果は良溶媒中での静的光散乱の重合度依存性を議論するような実験結果をうまく説明している．

1.3.7 集団の中の高分子鎖一本

以上，高分子鎖一本の形態について述べてきたが**実在鎖**は主に溶液中での形態である．一方，理由は他書に譲るが高分子溶融体（🔖▶ p.57）（ハチミツのようなもの）中ではむしろ**理想鎖**的に振る舞うこともわか

っている．そこでは高分子鎖一本どうしのからみ合い（▶ p.59）が本質的に重要である．高分子結晶（▶ p.69）中では高分子鎖一本はまったく異なる形態をとる．

参考文献
1) J. Kumaki, *et al.*, *J. Am. Chem. Soc.*, **118**, 3321 (1996)
2) T. Ando, *et al.*, *Chemphyschem*., **4**, 1196 (2003)
3) 長谷川正木, 西　敏夫, "高分子基礎科学", 5章, 昭晃堂 (1991)
4) S. B. Smith, Y. Cui, C. Bustamante, *Science*, **271**, 795 (1996)
5) O. Kratky, G. Porod, *Rec. Trav. Chim.*, **68**, 1106 (1949)
6) ド・ジャン, "物理学叢書 高分子の物理学―スケーリングを中心にして", 1章, 吉岡書店 (1984)

1.4　ゲル浸透クロマトグラフィー（GPC）

この節のキーワード：
GPC, SEC

1.4.1　GPCとは

　合成高分子の分子量測定法の中でもっともよく使われている測定の一つがゲル浸透クロマトグラフィー（**GPC**）である．低分子化合物の分離によく使われている高速液体クロマトグラフィー（HPLC）とは異なり，サンプル（ポリマー）とカラム充てん剤との相互作用はなく，分離モードはカラム溶離液中でのポリマーのサイズ（流体力学的半径）に基づき，分子量には依存しない．このため，サイズ排除クロマトグラフィー（**SEC**）ともよばれている．図1.10に示すように，サイズの小さいポリマーほど充てん剤の小さなポアにまで到達するために，保持時間が長く，溶離時間が遅くなる．通常の測定においては，分子量の異なる数個の標準サンプル（単分散ポリスチレンなど）を用いて，溶離時間に対

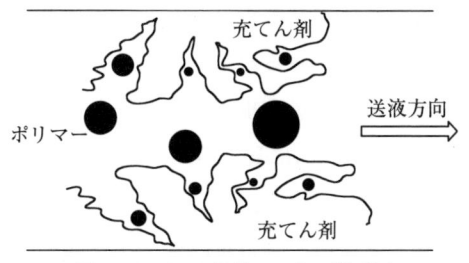

図 1.10 GPC 分離モードの模式図

する分子量の関係から校正曲線を決定し，未知試料の分子量を求めることとなる．ただし，この方法によって得られる未知試料の分子量は絶対値ではなく，あくまでも標準サンプルを基準とした相対値であることを理解しなければならない．たとえば，未知試料の溶解性が標準サンプルよりも高く溶離液中でポリマー鎖が大きく広がっている場合，サイズが大きいという理由だけで溶離時間が短くなり，分子量が実際よりも高い値として評価されることになる．事実，絶対分子量 10 000 のポリイソプレンの **GPC** 測定から求められる相対分子量は，ポリスチレンを基準とすると約 15 000 となり，大きな値として評価されてしまう．実際には大部分のポリマーにおいて，それほど大きな挙動の差異はないため，**GPC** の測定値（相対値）を用いて議論している論文も散見するが，注意が必要である．

1.4.2 溶離液およびカラムの選択

上述のとおり，**GPC** 測定においては溶離液とカラムの選択が重要である．一般的には，さまざまなポリマーを幅広い分子量範囲で溶かすことができるテトラヒドロフラン（THF）が溶離液としてもっともよく使われている．極性の高いポリマーについてはジメチルホルムアミド（DMF）やクロロホルムが用いられる．また，適度な流出圧力と分解能を保つため，カラム温度は通常 40℃ に設定されることが多い．なお，ポリオレフィン類にはトリクロロベンゼンを溶離液とした 140℃ での高温測定が有効である．

カラムは，充てんされるポリスチレンゲルのポアサイズによって測定可能な分子量領域が決まっているため，測定サンプルに合わせた選択が重要である．未知試料の分子量が推定できないときや，簡便に測定を行いたいときには，1本のカラムに異なるポアサイズのゲルが充てんされたミックスカラムが使われている．十分なポアボリュームを確保するために2本組み合わせるとよい．測定可能な分子量領域は数百から数十万に達するが，やや分解能が低い分子量領域がある．より正確な分子量測定のためには，ポアサイズの異なる複数（2〜3本）のカラムを直列につなぎ合わせることが有効である．たとえば，分子量が 10 000〜100 000 のポリマーを正確に測定するためには，測定可能分子量領域が 1 000〜20 000，5 000〜40 000，10 000〜200 000 の3本のカラムを用いることが望ましい．少なくとも，高分子量用の2本は必要である．カラムを増やすことで測定時間は長くなるが，不適切なカラムを用いることで分解能が低下し，誤った結果を与えることがないようにしたい．

1.4.3 検出器

GPC 測定の検出器でもっともよく使用されているのが示差屈折計 (RI) である．サンプル側の屈折率（ポリマーと溶離液の屈折率の和）とリファレンス側の屈折率（溶離液のみの屈折率）の差をとることで，溶離されるポリマー濃度の時間変化を屈折率の強度変化としてとらえることができる．まれに，ポリマーと溶離液の組合せによって，屈折率の差が低く測定困難なときや，値の正負が逆転することもある．また，ポリスチレンなど，紫外吸収をもつポリマーの測定には紫外可視吸光計 (UV) もよく用いられる．示差屈折計に比べ，ベースラインのドリフトは少ない．

最近では，示差屈折計 (RI)，粘度計 (IV)，光散乱検出器 (RALLS) の三つの検出器を組み合わせた GPC システムが用いられるようになっている（図1.11）．これによって，ポリマーの種類や構造に依存しないユニバーサル校正曲線（溶離時間-絶対分子量）が作成でき，絶対分子

1.4 ゲル浸透クロマトグラフィー（GPC）

図 1.11 GPC システム

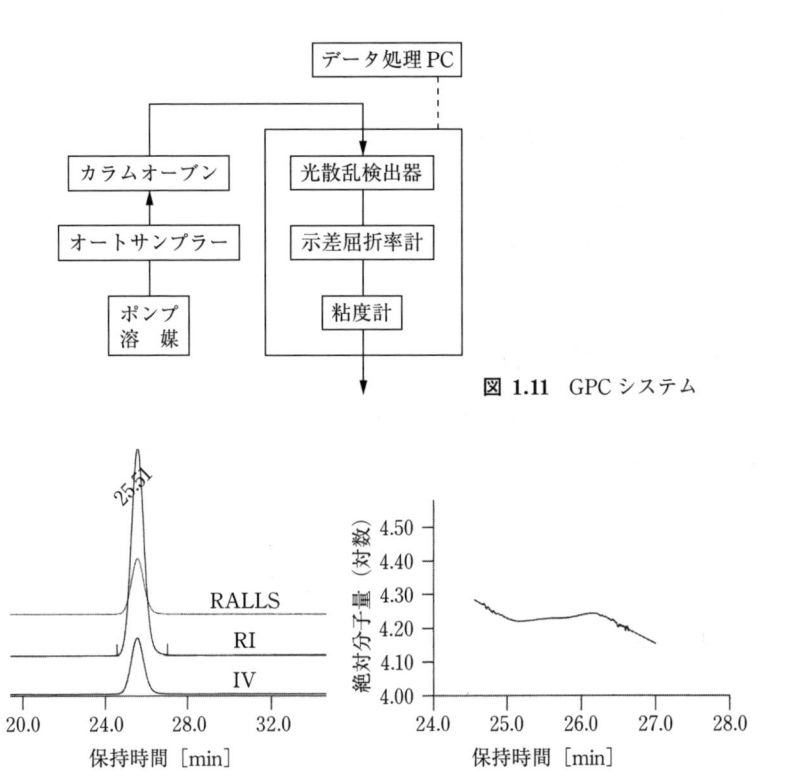

図 1.12 GPC 測定の例（左：GPC カーブ，右：ユニバーサル校正曲線）

量を簡便な手法で決定できるようになった（図1.12）．なお，粘度計，光散乱検出器は，サンプル中のわずかな塵（濾紙くずなど）の影響を強く受けるので，サンプル溶液を十分に濾過しなければならない．分子量にもよるが，ポリマー鎖のせん断が起きない範囲で孔径 $0.2\,\mu\mathrm{m}$ のフィルターを用いた濾過処理が有効である．

参考文献

1) 井上祥平，"新高分子実験学 1 高分子実験の基礎 分子特性解析"，高分子学会 編，pp. 219-237，共立出版（1994）
2) 小谷正博，"第 5 版 実験化学講座 26 高分子化学"，日本化学会 編，pp. 296-301，丸善（2005）

1.5 質量分析

> この節のキーワード：
> 質量分析，MALDI-TOF MS

1.5.1 高分子の質量分析

従来，高分子の分子量測定には膜浸透圧，蒸気圧浸透圧，粘度，光散乱，GPC（ p.20）が用いられてきた．最近ではこれらに加え，これまで低分子にしか適用できなかった**質量分析**（MS）が，マトリックスの改良などで，直接的な高分子の絶対分子量測定に用いられることが増えてきた．

質量分析とは，試料分子を何らかのイオン源でイオン化し，その後，磁場中を通過させるなどして，イオンの荷電 z あたりの質量数 m，すなわち m/z を測定する手法である．イオン化の際，分子中の結合が切断されるフラグメンテーションが起こることがあり，それによって生じたフラグメントから試料の化学構造に関する情報も得ることができる．一方，高分子の分子量測定では，フラグメンテーションが起こると正確な分子量が測定できなくなるから，それが起こらない温和な条件で試料をイオン化する必要がある．高分子の**質量分析**でのイオン化は，試料を芳香族有機物などのマトリックス中に混ぜて結晶をつくり，これにレーザーを照射することでイオン化する，マトリックス支援レーザー脱離イオン化（MALDI）法によることが多い．この手法では，タンパク質などの高分子化合物であっても安定にイオン化することができ，適用できる最大分子量は 1 000 000 程度である．イオン化した試料の m/z を決定する方法にも種々あるが，高分子の質量分析では，測定可能な質量範囲に原理上制限がなく，高感度でもある飛行時間（TOF）法が採用されることが多い．

イオン化法として MALDI，**質量分析**法として TOF を採用した，**MALDI-TOF MS**（マトリックス支援レーザー脱離イオン化飛行時間型質量分析）法は汎用性が高く，天然高分子，タンパク質，糖類，糖タンパク質の構造解析によく利用されている．この手法は，合成高分子の正確な分子量測定にも適用でき，合成高分子の繰り返し構造の解析や，末端構造の解析に非常に有効である．分子量分布が狭い（<1.1）高分子では，分子量分布解析も行えるが，イオン化効率が質量に依存するため，分子量分布の広い高分子には適用できない点に注意したい．また，合成高分子はタンパク質などに比べてイオン化しにくいため，測定できる分子量の限界は数万程度である．本節では **MALDI-TOF MS** による合成高分子の解析例を紹介する．さまざまな**質量分析**法の特徴（イオン化法，質量検出法）については文献[1]を参照いただきたい．

1.5.2　MALDI-TOF MS による高分子の分子量測定

マトリックスには CHCA（α-シアノ-4-ヒドロキシ桂皮酸）や DHBA（2,5-ジヒドロキシ安息香酸），ジスラノール（1,8-ジヒドロキシ-9,10-ジヒドロアントラセン-9-オン）などが一般的に用いられる．マトリックスの選択は高分子の **MALDI-TOF MS** 測定においてきわめて重要である．たとえば，あるサンプルのピークが観察されない場合は，別のマトリックスを試してみると，よい測定結果が得られることもしばしばある．また，トリフルオロ酢酸ナトリウムやトリフルオロ酢酸銀，ヨウ化ナトリウムなどのイオン化剤の添加は，サンプルをイオン化しやすくする効果がある．この場合，サンプルはそれぞれの金属イオンが付加した質量が観測される．

図1.13は，$CF_3\text{-}(CH_2\text{-}CF_2)_n\text{-}I$ の MALDI-TOF Mass スペクトルである．マトリックスには 2,3,4,5,6-ペンタフルオロ桂皮酸を，カチオン化試薬にはトリフルオロ酢酸銀を用いている．検出されたピークは Ag^+ でイオン化されたオリゴマー（$CF_3\text{-}(CH_2\text{-}CF_2)_n\text{-}I^-Ag^+$）に由来する．図中に矢印とともに示した数字はサンプルに ^{107}Ag が付加した場

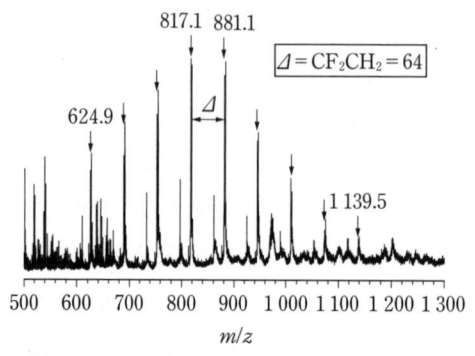

図 1.13 $CF_3\text{-}(CH_2\text{-}CF_2)_n\text{-}I$ の MALDI-TOF Mass スペクトル（三菱レイヨン　龍野宏人博士ご提供）

$\varDelta = CF_2CH_2 = 64$

合の質量数である．信号の間隔は繰り返し単位（CH_2CF_2）の式量 64 に一致していることがわかる．また，構造式から質量数を見積もり，実測値に対応させると，5 量体から 13 量体の存在が確認できる．

MALDI-TOF MS は高分子の正確な分子量が求まるため，高分子の末端構造の解析にも用いることができる．たとえば環状高分子は末端をも

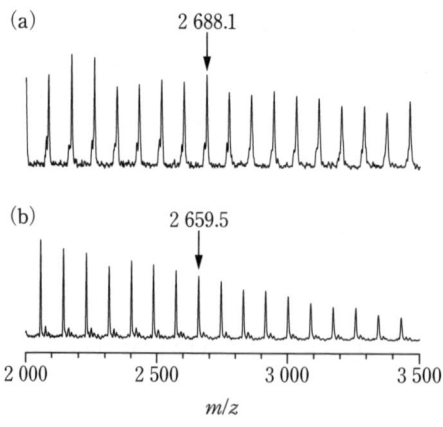

図 1.14　(a) 両末端アリル型直鎖ポリアクリル酸メチルと (b) 閉環メタセシス反応後の環状ポリアクリル酸メチルの MALDI-TOF Mass スペクトル

たないことから，直鎖状高分子とは分子量が異なるはずである．図1.14 は両末端にアリル基をもつ直鎖ポリアクリル酸メチルと，そこから閉環メタセシス反応によって合成した環状ポリアクリル酸メチルの MALDI-TOF Mass スペクトルである．どちらも繰り返し単位であるポリアクリル酸メチルの分子量 86 間隔でピークが並んでいるが，環状のものは直鎖状のものに比べて約 28 分子量が小さい．この質量数の差は，閉環メタセシス反応によって脱離するエチレンの分子量とよく一致することから，高分子の環状構造が確認できる．質量分析では分子量の情報しか得られないが，NMR（ p.165）や GPC など他の分析法と組み合わせると，このように高分子の構造を見積もることもできる．

1.5.3 最近の進歩

近年，GC（ガスクロマトグラフィー）-MS 分析では，キャリアーガスの電子制御や高速 GC などの新技術の進歩で，二次元 GC(GCxGC) が注目されている．最近これに似た考え方で，二次元 MALDI-イオン移動度（IM）/MS 分析法[2]がある．この方法は，イオン化後，まずイオンをイオン移動度計中に通し，その後 TOF MS 検出器に導入する．これによって，縦軸はイオン移動度，横軸は MS の二次元のスペクトルが得られる．この方法をアラミド高分子に応用した例[3]が報告されており，直鎖部と枝分れ部の分離に成功している．興味のある方は文献を参考にしてほしい．

参考文献

1) J. R. Chapman,（土屋正彦，田島 進，平岡賢三，小林憲正 共訳），"有機質量分析法"，丸善 (1995)
2) J. A. McLeanm, B. T. Ruotolo, K. J. Gillig, D. H. Russel, *Int. J. Mass Spectroscopy*, **240**, 301-315 (2005)
3) A. P. Gie, M. Kliman, J. A. McLean, D. M. Hercules, *Macromolecules*, **41**, 8299 (2008)

2 章
高分子の力学的性質

　高分子材料はばねのような弾性とも液体のような粘性ともつかない「粘弾性」とよばれるユニークな力学的性質を示す．「粘弾性」とは何かを知るには，ビニルテープ 1 本を手にしていただければよい．ビニルテープを引き伸ばして手から離した瞬間，テープはわずかに縮む．瞬時に縮むのは弾性体的な振る舞いではある一方，いくら放っておいても元の長さには戻らないという液体的な特徴もある．もう 1 本新しいビニルテープを手にとって瞬時にビニルテープを引っ張ってその長さを保ってみよう．必要な力は時間とともにどのように変化するだろうか．ビニルテープを片手に高分子の力学的性質について考えてみよう．

2.1 温度と時間スケールで変わる力学的性質

> この節のキーワード：
> 基準温度, 温度-時間換算則, マスターカーブ, ミクロブラウン運動, マクロブラウン運動, シフトファクター

　高分子の分子運動には，側鎖の回転や主鎖中の部分的な回転など局所的なものから，からみ合い（🔖▶ p.59）のときほぐし，分子鎖の重心の位置を変えて流動する分子鎖全体にわたるものまである．これらの運動のすべてをある温度で観測するには，数ピコ（10^{-12}）秒からメガ（10^6）秒まで時間スケールを変える必要がある．10^{-12} 秒スケールの運動は観測するには速すぎ，10^6 秒スケールの運動は約 12 日，つまり 2 週間は観測しなければならないほど遅い．これだけ幅広い時間スケールにわたる分子運動の情報を，現実的な時間スケールでの測定で得ることができる．その鍵は温度である．

2.1.1　マスターカーブ

　図 2.1(a) は，種々の温度で測定したポリイソブチレンの緩和弾性率である．ポリイソブチレンを瞬間的にある一定長さ（ひずみ）に引っ張って，その長さを維持して，それに必要な力（応力）を測定している．すると応力はだんだん小さくなっていく（身近にあるビニルテープで試してみるとよい）．弾性率 E は，（応力）/（ひずみ）だから，弾性率もだんだん小さくなっていく．この緩和弾性率を種々の温度で 10 時間測定した結果が図 2.1(a) である．192 K（-81°C）で測定している間，弾性率はほとんど減少しないのに，温度を上げていくと測定中に大きく減少するようになる．そして引っ張った瞬間の弾性率も 1 万分の 1 まで小さくなる．真夏の日を浴びたビニルテープがやわらかくすぐに変形してしまうのに対し，冬のそれは硬く伸びにくいのと同じである．弾性率

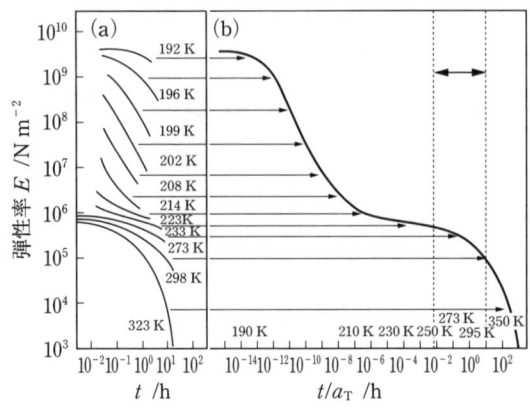

図 2.1 ポリイソブチレンの緩和弾性率(a)とそのマスターカーブ(b)

は，はじめに与えた材料のひずみ変形に合わせて高分子鎖が分子運動して形を変えて変形して小さくなる．つまり，緩和弾性率は分子運動と相関する．

さて，これらのデータから一定温度で観測した場合の緩和弾性率を見積もろう．この一定温度を**基準温度**といい，ここでは室温25℃（298 K）にする．遅い分子運動は温度をあげて測定すると短時間で観測されるから，25℃より高い温度で観測される緩和弾性率は，25℃で測定すれば，観測時間スケールより長時間かかって観測されるものである．逆に25℃より低い温度で観測される緩和弾性率は，25℃で測定すれば，より短時間で観測されるものである．このように，温度による変化を時間スケールの変化に置き換える考え方を，**温度-時間換算則**という．この温度-時間換算則にしたがって，25℃より高い温度で観測された緩和弾性率のカーブを長時間側（右側）へ，25℃より低い温度で観測されたカーブを短時間側（左側）へ，対数時間軸に平行に移動させると，一つのスムースなカーブが描ける（図2.1(b)）．このカーブを**マスターカーブ**とよぶ．測定時間スケールが10^{-2}～10^{1}時間だったのに対し，マスターカーブの時間スケールは10^{-15}～10^{3}時間までに広がっている．

マスターカーブは，基準温度（25℃）で弾性率が10^{-12}時間と10^{2}時

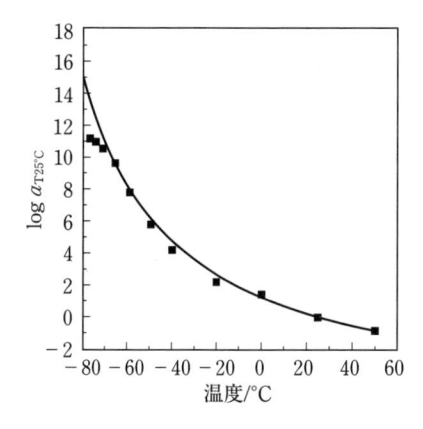

図 2.2 図 2.1(b) のマスターカーブ作成での a_T の温度依存性

間の 2 段階で減少することを示している．10^{-12} 時間での弾性率の減少は，高分子鎖がその重心を変えないもののその形を変え続ける**ミクロブラウン運動**による．この弾性率の減少は 196 K（-77°C）では 1 時間経って観測されるが，25°C では 10^{-12} 時間（36 ナノ秒！）というきわめて短い時間スケールで観測される．10^2 時間での弾性率の急減は，材料中の高分子鎖がその重心位置を変える**マクロブラウン運動**による．分子の重心が移動するので，試料は流動する．323 K（50°C）では 1 時間で観測されるマクロブラウン運動は基準温度である 25°C では 100 時間という長い時間を要する．

このように，高分子鎖の運動は一つの温度でそのすべてを実測できないほどに幅広い時間スケールにわたるけれども，種々の温度での測定結果を温度-時間換算則に基づいてマスターカーブにまとめれば，**基準温度**における高分子鎖の運動の時間スケールを推定することができる．マスターカーブの作成は，緩和弾性率のみならず，動的粘弾性（▶ p. 38）で測定される弾性率や損失正接（$\tan \delta$）（▶ p. 38）でも行われる．

2.1.2 シフトファクターと WLF 式

マスターカーブを描くとき，各温度で実測されたカーブを水平左方向（短時間方向）に移動した量を**シフトファクター** a_T とよぶ．図 2.1(b)

の横軸は t/a_T (a_T はシフトファクター) である．シフトファクターの温度依存性は式 (2.1)（WLF 式（▶ p. 43））で表せることが経験的に知られている．

$$\log_{10} a_T = -\frac{C_1(T-T_r)}{C_2+(T-T_r)} \tag{2.1}$$

ここで，T_r は基準温度，C_1，C_2 は定数である．図 2.1(b) のマスターカーブの作成で決定した a_T を温度に対してプロットし，WLF 式でフィッティングした（図 2.2）．

数多くの高分子についてシフトファクターが調査された結果，$T_r = T_g + $ 約 50℃（T_g はガラス転移温度（▶ p. 41））にすると，$C_1 = 8.86$，$C_2 = 101.6$ であることが経験的に知られており，これらの値をユニバーサルコンスタントとよんでいる．

2.1.3 シフトファクターの意味

非晶性高分子のシフトファクターは基準温度とある温度における粘度の比を表す．ばねとダッシュポットからなる粘弾性挙動の力学モデル（たとえば Maxwell 模型（▶ p. 36））で，時間の尺度となる緩和時間 τ（▶ p. 37）はばねの弾性率 E とダッシュポットの粘性率 η との比，η/E である．E の温度変化は無視できるので，

$$a_T = \frac{\tau(T)}{\tau(T_r)} = \frac{\eta(T)}{\eta(T_r)} \tag{2.2}$$

となり，a_T は η の比に置き換わる．

シフトファクターが役立つ例を一つあげよう．

『ポリスチレンの透明なコップをつくる製造ラインは 150℃ 設定で最適化されていた．ある日，重量平均分子量 M_w が 1.2 倍のポリスチレンしか手に入らなくなった．粘度が上がるため，このままでは生産スピードを落とさざるをえない．そこで設定温度をあげて粘度を下げようと考えた．設定温度は何度にするのが適当だろうか．ただし，$T_r = 100$℃ としたとき，$C_1 = 13.7$，$C_2 = 50$ である．また，η は $M^{3.4}$ に比例するの

で，粘度は 1.86 倍になる．』

このようなとき，シフトファクターの意味と WLF 式を知っていれば，ピンチを切り抜けられる希望がもてる．

150℃ で最適化されていたときについて，

$$\log_{10}\left(\frac{\eta_1}{\eta_r}\right) = -\frac{C_1(T_1-T_r)}{C_2+(T_1-T_r)} = -\frac{13.7 \times (150-100)}{50+(150-100)} = -6.85$$

(2.3)

一方，M_w が 1.2 倍の原料について，設定する温度を T_2 とすると，

$$\log_{10}\left(\frac{\eta_1}{\eta_r}\right) = -\frac{C_1(T_2-T_r)}{C_2+(T_2-T_r)} = -\frac{13.7 \times (T_2-100)}{50+(T_2-100)} = \log_{10} 1.86$$

(2.4)

これらから，$T_2=154$℃ となる．つまり製造ラインの設定温度を 4℃ 上げるだけで生産ストップの危機から脱出できる．

参考文献（全体を通して）
1) 小野木重治，"化学者のためのレオロジー"，東京化学同人（1982）

2.2 粘 弾 性

> **この節のキーワード：**
> 粘弾性，Maxwell 模型，応力緩和，緩和時間，貯蔵弾性率，損失弾性率，複素弾性率，損失正接，動的粘弾性，ゴム状平坦領域

高分子材料の力学物性の大きな特徴として粘弾性がある．**粘弾性**とは，ばねのようにひずみと応力が弾性率を係数として比例する弾性的な性質と，液体のようにひずみ速度と応力が粘性率を係数として比例する粘性的な性質の両方の性質を示すことをいう．このことは簡単な実験でわかる．ビニルテープを瞬間的に引っ張ってある一定の長さで保持してみよう．保持するのに必要な力は徐々に小さくなるのがわかる．そし

て，手を放すと，その直後にわずかに瞬間的に縮んだ後，だらだらと縮んでいく．けれども，長さは完全には元に戻らない．またビニルテープを引っ張る速さを変えると，速く引っ張るほうが必要な力は大きくなる．

2.2.1 粘弾性と力学模型

このような粘弾性体の挙動は，弾性的な性質を現すばねと液体的な性質を現すダッシュポットが直列あるいは並列につながった力学模型で説明される．ダッシュポットとは，液体を入れた筒にピストンをはめ込んだもので，紅茶をいれるのに使うティーサーバーのようなものである．ばねとダッシュポットが直列につながったモデルを **Maxwell 模型** という（図 2.3(a)）．ばねの弾性率を E，ひずみを γ_1，ダッシュポットの粘性率を η，ひずみを γ_2 とすると，ばねとダッシュポットにかかる応力 σ は等しいので，

$$\sigma = E\gamma_1 = \eta \frac{d\gamma_2}{dt} \tag{2.5}$$

また，模型全体のひずみ γ はばねとダッシュポットのひずみの和になるので，

$$\gamma = \gamma_1 + \gamma_2 \tag{2.6}$$

式 (2.6) の時間微分をとり，式 (2.5) を代入すると σ に関する微分

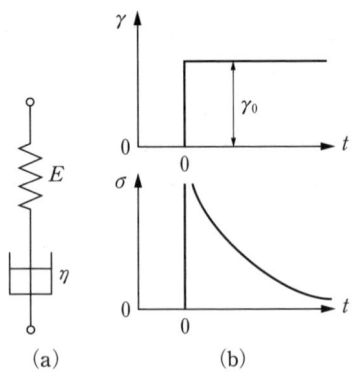

図 2.3 Maxwell 模型(a)と応力緩和(b)

2.2 粘弾性

方程式

$$\frac{d\gamma}{dt} = \frac{1}{E}\frac{d\sigma}{dt} + \frac{\sigma}{\eta} \tag{2.7}$$

を得る．$t=0$ でひずみ γ_0 を加えてそのまま置いた場合（図 2.3(b) 上）の応力の時間変化は，この微分方程式の解，

$$\sigma(t) = E\gamma_0 e^{-t/\tau} \tag{2.8}$$

となる．図 2.3(b) 下にこの関数をプロットした．先ほどの，「ビニルテープを瞬間的に引っ張ってある一定の長さで保持すると，それに必要な力は徐々に小さくなる」という**応力緩和**現象そのものである．ここで，τ は $\tau = \eta/E$ で，**緩和時間**とよばれる．応力が初期値の 1/e になるのに必要な時間で，緩和の時間スケールを表す．

2.2.2 振動するひずみに対する応力と弾性率

振動するひずみ $\gamma(t) = \gamma_0 \sin\omega t$ をばねにかけると応力も同じように $\sigma(t) = A\sin\omega t$ で振動する．粘性体だと，応力はひずみ速度に比例するから $\sigma(t) = B\cos\omega t = B\sin(\omega t + \pi/2)$ となる．それであればそれらの中間的な性質を示す粘弾性体では $\sigma(t) = C\sin(\omega t + \alpha)$ では $0 \le \alpha \le \pi/2$ だろう，と察しがつく．ここでは，Maxwell 模型に振動ひずみ $\gamma(t) = \gamma_0 \sin\omega t$ をかけたときの応力を計算しよう．応力が $\sigma(t) = A_0\sin(\omega t + \phi) = A\sin\omega t + B\cos\omega t$ という形になるとして，式 (2.7) に代入し，$\sin\omega t$ と $\cos\omega t$ の係数を比較すると，

$$A = E\gamma_0 \frac{\omega^2\tau^2}{1+\omega^2\tau^2}, \qquad B = E\gamma_0 \frac{\omega\tau}{1+\omega^2\tau^2} \tag{2.9}$$

ここで，$\tau = \eta/E$ を用いた．粘弾性体（Maxwell 模型）に $\sin\omega t$ で振動するひずみを印加すると，ひずみと同位相（$\sin\omega t$）で振動する応力成分と，ひずみより位相が $\pi/2$ ずれ，$\cos\omega t = \sin(\omega t + \pi/2)$ に比例して振動する応力成分があることがわかる．

弾性率はその定義「弾性率＝応力÷ひずみ」をそのままあてはめる．前項で求めた応力をひずみ振幅 γ_0 で割ると，ひずみに対して位相が同

じ応力と $\pi/2$ ずれた応力に対応して二つの弾性率が定義される．

$$E'(\omega) = E\frac{\omega^2\tau^2}{1+\omega^2\tau^2}, \qquad E''(\omega) = E\frac{\omega\tau}{1+\omega^2\tau^2} \qquad (2.10)$$

$E'(\omega)$ を**貯蔵弾性率**，$E''(\omega)$ を**損失弾性率**とよぶ．複素数を用いれば，

$$E^*(\omega) = E'(\omega) + \mathrm{i}E''(\omega) = [E'^2(\omega) + E''^2(\omega)]^{1/2}\exp(\mathrm{i}\delta) \qquad (2.11)$$

である．ここで，E^* を**複素弾性率**とよぶ．ここで

$$\tan\delta = \frac{E''(\omega)}{E'(\omega)} \qquad (2.12)$$

であり，$\tan\delta$ を**損失正接**という．このように，振動ひずみをかけてその応力応答から E^* を評価する手法が**動的粘弾性**測定である．

2.2.3 周波数分散と温度分散

動的粘弾性では，E'，E'' を（1）温度一定で周波数を変化させて測定する周波数分散，（2）周波数一定で温度を変化させて測定する温度分散，という二つの測定方法がある．

（1）周波数分散

Maxwell 模型の周波数分散を図 2.4(a) に示す．周波数が高くなるにつれて E' は S 字状に増加し，その変曲点付近で E'' は極大をとる．E' が増加するのは印加するひずみに対して分子運動が追随しなくなり，試料が硬くなると考えれば理解できる．低周波数では試料の変形速度よりも分子運動が速く，試料は液体的に振る舞い，高周波数側では変形速度よりも分子運動が遅く，試料は弾性的に変形する．その間で，試料は粘弾性体の挙動をとり，E'' は $\omega = 1/\tau$ で極大値をとる．実際の高分子では一つの緩和でも緩和時間に分布があり，またさまざまな緩和時間があるので形状はより複雑になる．粘弾性測定の周波数領域は狭く，一つの温度ですべての緩和は観測できないため，さまざまな温度で測定した周波数分散データを<u>温度-時間換算則</u>（📖▶ p. 32）によって重ね合わせ

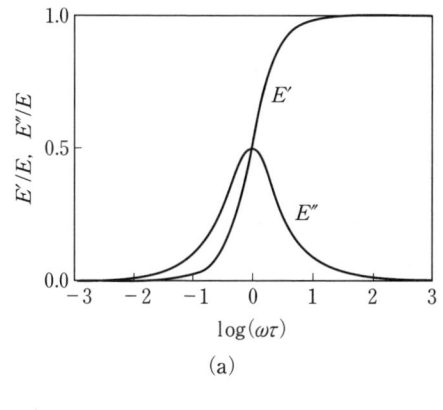

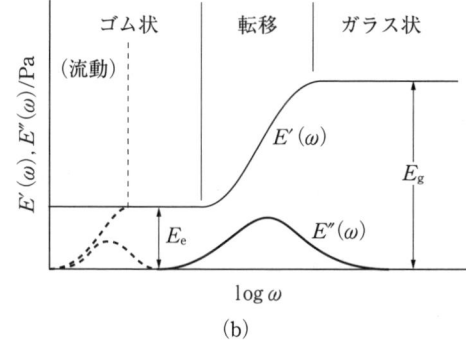

図 2.4 (a) Maxwell 模型の弾性率の周波数分散と (b) 高分子材料にみられる弾性率の周波数分散の模式図

てマスターカーブ（📖▶ p.32）を作成する．無定形高分子でのマスターカーブの概観を図 2.4(b) に示す．周波数 ω の減少にともない，弾性率はガラス転移（📖▶ p.41）で大きく減少し，**ゴム状平坦領域**を経て，流動にともない再び減少する．ゴム状平坦領域は分子鎖のからみ合い（📖▶ p.59）によるもので，分子量の増加にともない低周波数側へ広がる．ゴム状平坦領域での弾性率 E_e については 2.6 節の式（2.41）を参照いただきたい．

(2) 温度分散

一定周波数で温度を変化させて粘弾性測定すると，各緩和の緩和時間 τ の温度依存性によって $\omega\tau=1$ となる温度で E' の減少と E'' の極大が観測される．図 2.5 にポリエチレンテレフタレート（PET）の弾性率の温度分散を示す．高温側からガラス転移にともなう α 緩和，フェニ

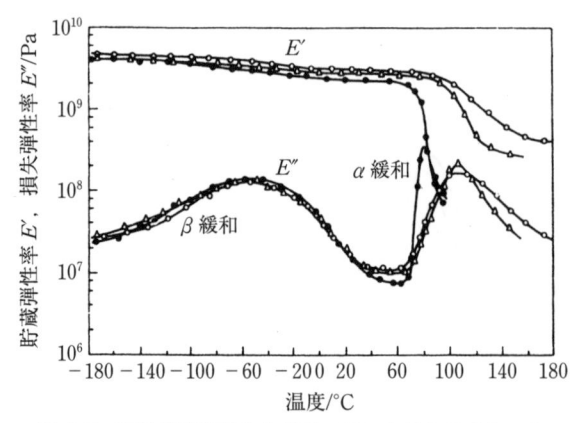

図 2.5 結晶化度が異なるポリエチレンテレフタレートの弾性率の温度分散．周波数 138 Hz で測定
（M. Takayanagi, *Mem. Fac. Eng., Kyushu Univ.*, **23**, 1 (1963) より引用）

ル環やカルボニルまわりの回転運動とメチレン鎖の運動にともなう β 緩和が観測される．結晶性高分子である PET の緩和は非晶質での緩和であり，結晶化度が高いと α 緩和温度が高くなる．緩和の名前は高温側から α, β, γ, … と命名する．物質によっては一番高温側で結晶分散が観測されることがあるので，α 緩和が必ずしもガラス転移にともなう緩和ではない．

参考文献
1) 小野木重治，"化学者のためのレオロジー"，東京化学同人（1982）

2.3 ガラス転移

この節のキーワード：
ガラス転移，ガラス転移温度，自由体積，エンタルピー緩和，WLF 式

溶融状態にある物質を冷却していくと，構造はそのままに，狭い温度

範囲で粘度が10桁以上増加して硬くなり，固体（ガラス状態）になる．この流動状態と固体状態の変化を**ガラス転移**，その温度を**ガラス転移温度**（T_g）という．T_g を境に熱膨張係数，熱容量，弾性率，誘電率など材料物性が変化するため，T_g は材料の特性値として重要である．たとえば，チューインガムの主成分であるポリ酢酸ビニルの T_g は 32°C である．この温度は，室温で保管しているときは硬くても，口の中に入れるとやわらかくなるというチューインガムの性質の鍵を握っている．本節では自由体積理論に基づきガラス転移を考えた後，T_g の測定法を紹介する．

2.3.1　ガラス転移はどうして起こるのか（自由体積理論）

柔軟な高分子物質の中では，分子鎖が運動してその形を刻々と変えている．分子が形を変えるには，すきまが必要であり，これを**自由体積**という．これに対し，分子そのものが占める体積を占有体積といい，これら自由体積と占有体積の和が試料の体積である．温度を一定速度で下げていくと，物質は収縮し，その体積が減少していくけれども，占有体積の変化はきわめて小さい．したがって，自由体積が減少していく．自由体積がある程度減少してしまうと，分子がその形を変えるスピードが極端に遅くなって，冷却速度に追いつけなくなり，体積の減少率がある温度を境に小さくなる（図 2.6 D）．この温度が T_g である．

「極端に遅くなって」とはどのくらいなのか．粘度変化からスピードが 10^{-10} 倍程度になると考えられる．この速度変化は，光の速さ（3×10^8 m s^{-1}）が自動車の速さ（100 km h^{-1}）になるのと同程度である．これぐらいスピードが遅くなれば，見た目には分子運動（ミクロブラウン運動（⇨ p. 33））が凍結したかのように見える．しかし，完全には凍結していない．T_g よりも若干低い温度で熱処理すると，実際的な時間スケールで体積は収縮する（**エンタルピー緩和**とよばれる）（図 2.6 中の A → B）．この収縮はガラス転移で一気に元に戻り（C → D），示差走査熱量測定（DSC）ではガラス転移にともなう熱容量の段差の直後

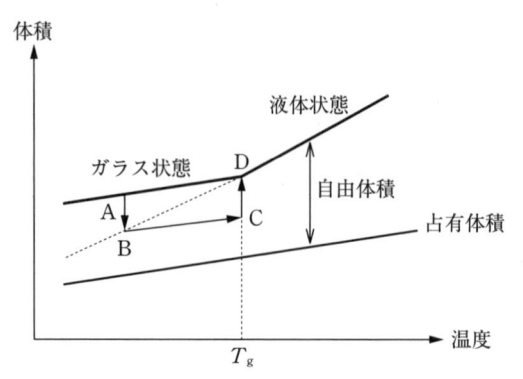

図 2.6 ガラス状態，液体状態の体積-温度曲線

に吸熱ピークとして観測できる．

2.3.2 WLF式

　自由体積の減少は，系の粘度を高くする．n-アルカンの粘度の詳細を検討していたDoolittleは，粘度が分子の占有体積$V_{\rm occ}$と系の自由体積$V_{\rm f}$の比で表せることを見出した（系の体積は$V=V_{\rm occ}+V_{\rm f}$となる）．さらに自由体積分率$f=V_{\rm f}/V$とすると，

$$\eta = A' \exp\left(\frac{B' V_{\rm occ}}{V_{\rm f}}\right) = A \exp\left(\frac{B'}{f}\right) \tag{2.13}$$

と書ける．ある温度Tでの粘度ηと基準温度$T_{\rm r}$での粘度$\eta_{\rm r}$との比を考えると，

$$\frac{\eta}{\eta_{\rm r}} = \exp\left[B'\left(\frac{1}{f}-\frac{1}{f_{\rm r}}\right)\right] \tag{2.14}$$

となる．ここで，$T_{\rm g}$以上の温度でfの温度依存性が

$$f = f_{\rm g} + \alpha_{\rm f}(T-T_{\rm g}) \tag{2.15}$$

（$\alpha_{\rm f}$は自由体積の膨張係数）であるとすれば，$T_{\rm r} > T_{\rm g}$で，

$$f = f_{\rm r} + \alpha_{\rm f}(T-T_{\rm r}) \tag{2.16}$$

これを式 (2.14) に代入し，両辺の自然対数をとると

$$\ln\left(\frac{\eta}{\eta_{\rm r}}\right) = B'\left(\frac{1}{f_{\rm r}+\alpha_{\rm f}(T-T_{\rm r})} - \frac{1}{f_{\rm r}}\right) \tag{2.17}$$

$$= -B'\left(\frac{(1/f_\mathrm{r})(T-T_\mathrm{r})}{(f_\mathrm{r}/\alpha_\mathrm{f})+(T-T_\mathrm{r})}\right)$$

常用対数にして，$C_1 = B'/f_\mathrm{r}$，$C_2 = f_\mathrm{r}/\alpha_\mathrm{f}$ とおいて

$$\log_{10}\left(\frac{\eta}{\eta_\mathrm{r}}\right) = -\frac{C_1(T-T_\mathrm{r})}{C_2+(T-T_\mathrm{r})} \tag{2.18}$$

を得る．この式は，Williams，Landel，Ferry が提案した式で，3名の名前の頭文字をとって **WLF式** とよばれる．WLF式は T_g から $T_\mathrm{g}+100$ ℃ ぐらいの範囲でよく成り立つことが知られている．

2.3.3 ガラス転移の観測

（1） 示差走査熱量測定（DSC）法

一番簡単なのがDSC法である．試料 20 mg 程度をパンに詰め，一度溶融状態まで加熱したあと冷却し，再び 20℃ min^{-1} の昇温速度で走査すると，ガラス状態で凍結していたミクロブラウン運動の解放にともなう熱容量の不連続的な増加が，DSC信号の段差として観測される．T_g は一般的には段差の中点の位置，熱容量差 ΔC_P は段差の高さから決定する（図2.7）．測定のコツは，試料量を多く，走査速度を速くして，感度をよくすることである．この方法でも，結晶性高分子の非晶部分の T_g を測定するのが困難な場合がある．

（2） 固体粘弾性

短冊状に切り出した固体試料を引っ張り変形させて，動的粘弾性（▶ p.38）の温度分散（周波数は 1～10 Hz 程度）を測定する．ガラス転移にともない貯蔵弾性率 E'（▶ p.38）の急減，損失弾性率 E''

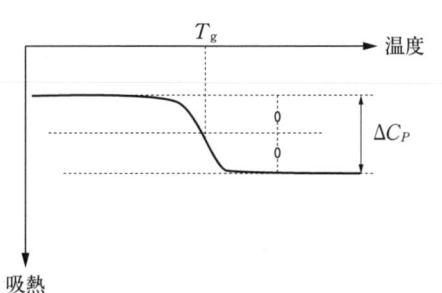

図 2.7 DSCサーモグラムに現れるガラス転移

(p. 38) の極大が生じた後，一般には分子鎖のからみ合い (p. 59) に起因するゴム状平坦領域 (p. 39) を経て，マクロ流動にともない再び弾性率が減少する．T_g は損失弾性率 E'' の極大温度，あるいは損失正接 (tan δ) (p. 38) の極大温度とする．T_g は WLF 型の観測周波数依存性を示す．結晶性高分子の中には α 緩和が結晶緩和で，それよりも一つ低温側に位置する β 緩和がガラス転移にともなう緩和であるポリエチレンのようなものもある．ある緩和がガラス転移によるものであることは，緩和温度の周波数依存性が WLF 型になること，結晶化度増加にともなう tan δ の減少で確認できる．ポリエチレンテレフタレートの測定例が 2.2 節にある．

このようにして決定される T_g は DSC 法よりも一般的に高くなる．これはガラス転移が観測時間スケールによって変化するためである．DSC 法では τ (緩和時間) = 100 秒程度の緩和が観測されるのに対し[1]，動的粘弾性では $τ = 1/(2πf)$ 秒 (f は観測周波数) の緩和が観測される．

(3) 誘電緩和

固体粘弾性が分子運動にともなう弾性率の変化を観測しているのに対し，誘電緩和では分子鎖の運動にともなって上昇する誘電率を測定している．ただし，分子に双極子モーメントをもたないものの測定はできない．ポリエチレンでは一部塩素置換した試料で測定されている．ガラス転移直後，試料中のイオン性不純物による直流伝導のため，みかけの誘電率が急上昇し，ガラス転移にともなう緩和をきちんと測定できないことがある．イオン性不純物の除去やモデル回路による直流伝導の寄与の考察などが必要である．

参考文献
1) G. R. ストローブル (深尾，宮本，宮地，林 訳)，"高分子の物理"，シュプリンガーフェアラーク東京 (1998)

2.4 エントロピー弾性

> この節のキーワード：
> エントロピー弾性，熱力学第二法則，Gauss 分布，Boltzmann のエントロピー公式，スケーリング，ナノフィッシング

2.4.1 再び，校庭で遊ぶ子供たちを例にして

1.3 節で述べたように高分子鎖一本は絶えずその形態，コンフォメーション（**▶** p.14）を変えている．しかしながら，後で証明するように，おそらくどんなに長い時間観測していても自然にそれが完全に引き延ばされた形態になることはないだろう．原理的にはその形態も許されるものであるのに実際には生じないのは，高分子鎖一本がとりうる形態のほとんどが丸まった形態であるからだ．もし 1.3 節でも出てきた校庭で遊ぶ子供たちの中から，端っこにいる子供たちを探し出し，2 人の大人が両側に引っ張っていき無理矢理引き延ばすとしよう．内部では子供たちは勝手気ままに動いているので，この大人たちはよほどの力がないと目的の引き延ばされた形をつくることはできないだろうし，ひとたび引っ張る手を離せばすぐに元通りになってしまうことは容易に想像がつく．これが**エントロピー弾性**とよばれるものの本質であり，ゴム弾性（**▶** p.52）の起源である．

もう少し比喩を続けよう．温度とは微視的な解釈では，系を構成する「粒子」の平均運動エネルギーである．温度が高ければ高いほど，「粒子」は活発に運動している．温度の低い子供たちと温度の高い子供たちでは，校庭を駆け回る元気さに大きな違いができる．大人たちが感じる力もそれにともなって変化する．ゴム弾性がそうであるように高分子鎖一本の**エントロピー弾性**も絶対温度に比例する．

2.4.2 エントロピーとは

「エントロピー」というと敬遠されがちであるが,「場合の数」と言い換えれば少しとっつきやすくなるだろうか.ある条件を示したときにその条件を満たすすべての「場合の数」を数え上げると,そこからエントロピーが計算できる.たとえば10枚のコインを放り投げて,すべてが表になる「場合の数」は1通りである.1つだけ表になるのは10通りである.当然5枚表で5枚裏という場合が一番多い.どの事象も本来は等確率で生じる権利をもっているが,実際にはすべてが表,すべてが裏になるということは起こりにくい.高分子鎖一本が自然にピンと張った状態になりにくいのもまったく同じ原理である.「場合の数」が少ないとき,それを「エントロピー」の低い状態,多いときに高い状態とよぶのである.自然は常に「エントロピー」の高い状態に向かおうとするという**熱力学第二法則**も別に難しいことをいっているわけではなく,「ものごとはより起こりやすい方向に変化していく」ということをいっているにすぎない.またそこから「時間」の向きが決まるというのもよく知られたことである.

2.4.3 高分子鎖一本のエントロピー

本題であるが,高分子鎖一本のエントロピーを計算するのは,高校の確率統計で出てきたような計算をするだけである.ただ途中の式がやや煩雑なのでここでは雰囲気だけ伝えたい.1.3節で定義した末端間距離(🔖▶ p.16) というのは「平均値」であった.実際に,平均値を求めるためにはすべての可能な値とその値が現れる確率(専門用語としては分布関数)を求める必要がある.もっともよく使われている酔歩の比喩で話を進める.といっても酔っぱらいに登場してもらうのではなく,コインを使おう.コインを一つ投げ表が出たら右に,裏が出たら左に一歩歩みを進めるとする.つまり一次元で考える.10回投げたら右にも左にも行かず元いたところに戻っているのがよく生じる事象だろう(5回ず

つ右と左がでる)．しかしこれはずっと同じところにいたわけではなく，進んだ距離ということを考えれば確かに少しは広がったのである．確率としては原点にいる可能性が高い．しかしそこでは末端間距離は 0 である．10 回投げたコインがすべて表だったら右に 10 歩だけ進んでいる．この場合末端間距離は大きいが確率は極端に小さい．結局ある程度の距離だけ進んでいるというのが実際の「平均値」(数学的には「期待値」とよぶ) としての末端間距離になる．

　数式的には，一端を原点に固定したランダムコイル (▶ p. 15) のもう一端が原点から x から $x+\Delta x$ の間の位置にある確率 $P(x)\Delta x$ (簡単のため一次元で考える) は，

$$P(x)\Delta x = \frac{1}{\sqrt{2\pi nb^2}} \exp\left(-\frac{x^2}{2nb^2}\right)\Delta x \qquad (2.19)$$

となる[1]．このような分布関数を **Gauss 分布** とよぶ．1.3 節で理想鎖 (▶ p. 17) が Gauss 鎖 (▶ p. 17) ともよばれる所以はここにある．$\langle x \rangle$ は 0 となってしまうので，二乗平均である $\langle x^2 \rangle$ を計算すると，

$$\langle x^2 \rangle = \int_{-\infty}^{\infty} x^2 P(x)\,\mathrm{d}x = nb^2 \qquad (2.20)$$

となり，1.3 節で導いた結果と矛盾がない．

　エントロピー $S(x)$ と $P(x)$ は以下の **Boltzmann のエントロピー公式** で結びついている．

$$S(x) = k_\mathrm{B} \ln P(x) \qquad (2.21)$$

式 (2.19) を代入すると，

$$S(x) = S(0) - \frac{k_\mathrm{B} x^2}{2nb^2} = S(0) - \frac{k_\mathrm{B} x^2}{2R_0^2} \qquad (2.22)$$

となる (ここで $R_0^2 = nb^2$ とおいた)．長く伸ばすとエントロピーは減少するのである．これを三次元に拡張すると末端間距離を R として (数係数が少し異なることに注意)，

$$S(R) = S(0) - \frac{3k_\mathrm{B} R^2}{2nb^2} = S(0) - \frac{3k_\mathrm{B} R^2}{2R_0^2} \qquad (2.23)$$

となる．

2.4.4 エントロピー弾性

エントロピーが求まれば自由エネルギー F_{el} や伸長力 f を計算することはやさしい．

$$F_{el}(R) = E - TS(R) = F(0) + \frac{3k_B T R^2}{2R_0^2} \quad \text{(1.3 節の式(1.14)と等価)}$$
(2.24)

$$f(R) = \frac{\partial F_{el}}{\partial R} = \frac{3k_B T}{R_0^2} R \quad (2.25)$$

みかけ上ばね定数が $3k_B T/R_0^2$ のばねとして振る舞うことがわかった．絶対温度に比例して強くなっていくばねであることも証明できた．これが**エントロピー弾性**とよばれるものである．ばね定数はたとえば室温付近として $T = 300\,\mathrm{K}$, $n = 1\,000$, $b = 0.25\,\mathrm{nm}$ とすると $2.0 \times 10^{-4}\,\mathrm{N\,m^{-1}}$ となる．この高分子鎖一本を $10\,\mathrm{nm}$ 伸ばすためには $2.0\,\mathrm{pN}$ の力があれば十分である．ところでばね定数 k のばねを x だけ伸ばすときに必要な弾性エネルギーは

$$E = \frac{1}{2}kx^2 \quad (2.26)$$

である．今，全長の10%まで高分子鎖一本を伸ばすとするとそのエネルギーは

$$E = \frac{1}{2}kx^2 = \frac{1}{2}\frac{3k_B T}{R_0^2}\left(\frac{nb}{10}\right)^2 = \frac{3n}{200}k_B T \quad (2.27)$$

となる．室温の熱エネルギーは $k_B T$ であるからその15倍ものエネルギーが必要だということである．このエネルギーのBoltzmann因子は 3.0×10^{-7}，つまり自然の状態ではこの伸びた状態にはほとんどなりえないということになる．

2.4.5 スケーリング的アプローチ[2)]

式 (2.25) は de Gennes によって進められた**スケーリング**の考え方でより簡単に求めることができる．**スケーリング**の議論は，物理的正当

性に基づく主張を与え，次元解析（コラム「次元解析」参照）的な発想から問題を解く手法である．ここで必要な主張は以下の2点である．

(1) 伸長力 f は高分子鎖一本のどの部分にも同じように働くだろうから，伸び R は重合度 n の一次関数でなければならない．

(2) R は f と温度 T，それから無摂動状態の大きさ R_0 だけに依存する．

(2)の要請から R は以下のように記述されるべきである．

$$R \cong R_0 \left(\frac{fR_0}{k_\mathrm{B}T}\right)^x \tag{2.28}$$

括弧内は分母分子とも単位がエネルギーになっており無次元化されていることに注意したい．(1)の要請から $R \propto R_0 \times R_0^x = R_0^{1+x} \sim n$ となり，$R_0 \sim n^{1/2}$ であるから $x=1$ となる．$x=1$ を代入した式 (2.28) は式 (2.25) と等価である．

2.4.6 実験的確証[3)]

高分子鎖一本の**エントロピー弾性**は原子間力顕微鏡（ p. 155）を用いることによって実験的に確かめることができるようになってきている．図 2.8 は**ナノフィッシング**とよばれる原子間力顕微鏡を用いた単一分子分光の事例で，金基板上に末端だけチオール基を導入したポリスチ

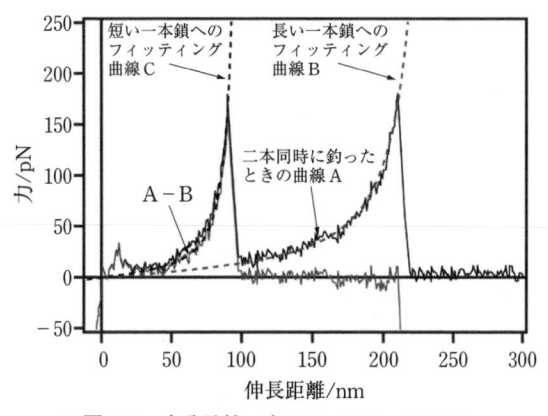

図 2.8 高分子鎖一本のナノフィッシング

レンを吸着させ，金コートした探針でもうひとつの末端を引き上げ，力-伸長距離曲線を描いたものである．一回の測定で通常は高分子鎖一本を引き上げる．伸長の初期から曲線には傾きがあり，エントロピー弾性が実際に存在していることが確認できる．傾きから直接求められるばね定数も理論の予言する値と同程度になることが確かめられている．この図では（リビング重合（📖▶ p.116）で合成された分子量分布（📖▶ p.6）が1.05の高分子鎖ではあるが）二本の分子量の異なる高分子鎖一本が同時に引き上げられており（曲線A），さらに興味深い知見を与えてくれる．すなわち，このそれぞれの曲線に1.3節で紹介したみみず鎖（📖▶ p.7）モデルによるフィッティング（曲線BとC）が重ねられているが，そこから得られた持続長（📖▶ p.17）は長いほうが0.24 nmで短いほうが0.35 nmとなっている．理論的には持続長は鎖長には関係なく，化学種が決まれば決まるはずのものである．しかしながら実験的には鎖長依存性が存在するのである．たかだか高分子鎖一本を記述するためですら従来の理論では不足だということになる．それぞれの高分子鎖一本の個性をアンサンブル平均によって捨て去ってしまわず，むしろ浮き彫りにし従来考えることのできなかった新しいものの見方を与えてくれる手法として期待できる．

参考文献
1) 長谷川正木, 西 敏夫, "高分子基礎科学", 5章, 昭晃堂（1991）
2) ド・ジャン, "物理学叢書 高分子の物理学—スケーリングを中心にして", 1章, 吉岡書店（1984）
3) たとえば, 中嶋 健 ほか, 高分子論文集, **64**, 441（2007）

コラム 次元解析

「次元解析」とは物理学における基本単位である長さの次元，質量の次元，時間の次元などから，未知の物理量の次元を解析・予測する

ことである．たとえば Galileo Galilei の発見で有名な「振り子の等時性」のように振り子の周期 T[s] は，錘の質量 m[kg] には無関係で，振り子の長さ l[m] にのみよっていることが実験的にわかっている．これを次元解析的に考えてみる．質量と長さだけではどうやっても周期すなわち時間に関与する量はつくれない．この現象に本質的に関与するのが重力であることに気づかねばならない．そこで重力加速度 g[m s^{-2}] という重要な物理量が出てくる．これら三つの物理量を組み合わせて時間の次元のみが残されるように次元解析してみよう．そのために

$$T = m^a l^b g^c \tag{2.29}$$

とおいてみる．次元のみで書き表すと，

$$[\text{s}] = [\text{kg}]^a[\text{m}]^b[\text{m s}^{-2}]^c = [\text{kg}]^a[\text{m}]^{b+c}[\text{s}]^{-2c} \tag{2.30}$$

となる．左辺と右辺をそろえるためには $a=0$, $b=1/2$, $c=-1/2$ でなければならない．すなわち

$$T = \sqrt{\frac{l}{g}} \tag{2.31}$$

となる．運動方程式を真面目に解いた答は

$$T = 2\pi\sqrt{\frac{l}{g}} \tag{2.32}$$

であるので，数係数を除けば次元解析で正しい答が得られることになる．

2.5 ゴム弾性

この節のキーワード：
ゴム弾性，エネルギー弾性，Young 率，アフィン変形，ネオフック弾性，エネルギー散逸，Gough-Joule 効果

2.5.1 実際のゴムとゴム弾性の違い

身のまわりに数多く存在する実際のゴムを引っ張ったり，圧縮したりするときに発生する反発弾性が**ゴム弾性**であると誤解している人が多い．そうではなく実在のゴムが示す弾性を理想化して単純化したものが**ゴム弾性**であると理解するほうが正確である．さらに臆せず語るならば，われわれは現在でも実在ゴムの振る舞いを完全に理解しているとはいい難いのが現状である．ただし，この理想化・単純化は正しい科学的手法であり，その価値が損なわれるものでないこともまた真理である．

2.5.2 ゴム弾性の定義と起源

理想化されたゴムの示す弾性を箇条書き的に示すと，1) 大変形が可能であること，2) 力を取り去ると可逆的に元の状態に戻ること，3) 弾性率が非常に低いこととなる．金属のばねでも大変形は可能ではないかとの反論があるかもしれないが，それはばねの形に起因する構造弾性であって，金属そのものは弾性的には数%しか変形できない．これは金属では原子と原子の間の距離を広げることが復元力の源であるからである．これを**エネルギー弾性**とよぶ．高分子もガラス状態にあれば**エネルギー弾性**を示す．一方で，実在ゴムは元の長さの6倍も7倍も伸びる．ただし20倍も100倍も伸びるわけではない．もしそのようなゴムがつくれたら，社会的インパクトは非常に大きい[1]．

このような**ゴム弾性**の起源は2.4節で述べた高分子鎖一本が示す弾性にある．単純にいって糸まり状に縮まった高分子鎖一本をピンと伸ばすと伸長比は重合度の平方根程度になる．たとえば重合度を10 000とすると，伸長比は100倍となる．高分子鎖一本自身はそのような性能を有している．

2.5.3 ゴムの引張試験

風船を膨らませるとき，最初なかなか膨らまないがいったん膨らむと

意外に簡単に膨らますことができる．このような経験をお持ちの方は少なくないだろう．この振る舞いはゴムをHookeの法則に従う単純なばねであると想定することではなかなか理解できない（注：単純にLaplace圧で説明しようという試みもあるようであるが，材料の特質としてここでは議論したい）．図2.9の黒色の実線は典型的なゴムの一軸伸長時の応力-ひずみ曲線である．ただし普通の引張試験で行うような引張速度ではなく，ひずみ速度にして$4.5\times 10^{-3}\,\mathrm{min}^{-1}$といった非常に低速での引張試験の結果である．応力$\sigma$は負荷を伸長方向に垂直な断面積で割ったもので，圧力と同じPaの単位で表す．ひずみεは伸びを初期長さで割ったものである．それぞれ正確には公称応力，公称ひずみとよばれる．後で再び触れるが，ゴムを引っ張ると断面積は減少する．本来その時々刻々変化する断面積で真応力を求めるべきであるが，慣例的に公称応力でデータを示すことが多い．

　さて，この曲線には初期の立ち上がり部分とそれに続く応力の変化率が減少する部分があることがわかる．この振る舞いはまさに風船が膨らむときの振る舞いと同一である．また後半で応力変化率が増大するが，これはゴムを最後まで伸ばそうとするときに感じる大きな抵抗力として

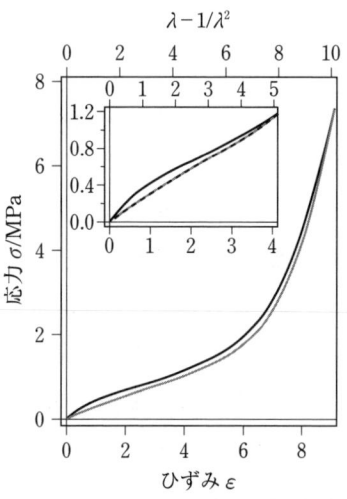

図 2.9　天然ゴムの応力-ひずみ曲線

誰でも経験しているものである．

2.5.4 アフィン変形

上に述べた初期の立ち上がり部分だけを線形近似すると

$$\sigma = E\varepsilon \tag{2.33}$$

と書ける．ここで E は **Young率** とよばれるものである．なぜこのような立ち上がりがあるのだろうか．2.4節で述べた高分子鎖一本が示す弾性にはこのような初期の立ち上がりは存在しない．実はこれはゴムがそういった高分子鎖が多数集まり架橋された網目を形成していること，また分子論的根拠はわかっていないがゴムが非圧縮性（Poisson比が0.5であることと等価）であることで説明できる．高分子鎖一本を伸長する際は，三次元直交座標系で伸長方向に垂直な2方向のエントロピー変化は考えなくてもよい．しかしながら実際のゴムはその方向には縮み，全体として体積を一定に保たねばならない（というかそうなっている）．このとき，**アフィン変形** が成立していると仮定すると，すなわちゴム全体に加えられた変形とそれを構成している高分子鎖の変形の間に比例関係が成り立っているとすると，断面積方向に縮む効果がエントロピー変化に入ってくる．この効果を取り入れた式は[2]，

$$\sigma = \frac{E}{3}\left(\lambda - \frac{1}{\lambda^2}\right) \tag{2.34}$$

となる．λ は伸長比で $\lambda = 1 + \varepsilon$ である．実際の三次元の材料では括弧内の式をひずみとみなすべきである．このスケーリングで応力-ひずみ曲線を書き直したものが図2.9の灰色の実線である．ひずみのかなり大きいところまで直線的に変化しているとみなしてよいことがわかる（図2.9中に低伸長域の拡大図を挿入しているが，灰色は破線で示した直線でよく近似されている）．なお，この式に忠実な弾性を **ネオフック弾性** とよぶ．ところで実在ゴムで **アフィン変形** が成立しているかどうかは，現時点で業界のホットトピックである．必ずしもそうでないという意見が多くみられる[3]．

2.5.5 大変形と伸長結晶化

ゴムに大変形を加えると，構成要素である高分子鎖が伸びきり，繊維の中で起きているような結晶化（→ p. 82）が生じると長い間信じられてきた．もちろんそれをサポートするようなデータも多数ある．ただこの点も現時点ではまだ決着はついていない．放射光X線を用いた最近の研究ではゴムを伸ばせるだけ伸ばしても未配向の無定形鎖が50〜70％もあったという[4]．この研究ではゴムの網目が均一ならば結晶化は容易かもしれないが，実際にはそうではないこと，したがって**アフィン変形**の仮説も崩れうることの傍証ともなっている．また，このことは古典的な研究で明らかにされている，「熱力学的実験からは，**ゴム弾性**はエントロピー項が支配的で，エネルギー項はほとんど存在しない」という説とも合致している[5]．

大変形を分子論的に扱うために，式（2.34）を導出する際に用いたGauss鎖（→ p. 17）ではなく，他のモデル，たとえば自由連結鎖（→ p. 16）を用いるというアプローチもある[6]．**アフィン変形**を仮定しているゆえにすでに古典的なアプローチではあるが，みかけ上は応力-ひずみ曲線をよく再現している．ただし，大変形領域で合う割には微小変形領域での理論と実験の一致はよくない．一方，分子論には立ち入らず，構造力学的観点からアプローチする方法論もある．Moonyによって示された以下の式は，工業的見地からはよく利用されている[7]．

$$\sigma = \left(2C_1 + \frac{2C_2}{\lambda}\right)\left(\lambda - \frac{1}{\lambda^2}\right) \qquad (2.35)$$

ただし，この式はC_1の項は式（2.34）との関連で分子論的な解釈との対応もあるが，C_2の意味がわかっておらず，現象論レベルの議論を脱却できないでいる．

2.5.6 ゴムの緩和現象

図2.9に示した応力-ひずみ曲線は，先にも述べたようにJISなどの

規格には則っていないかなりの低速で引っ張ったものであるが，測定に一日などという時間を要する．これではたいへんなのでJISなどでは現実的な時間（秒や分）で終了する引張速度を採用している．しかしながらゴムも粘弾性（▶ p. 35）体であり，単純な弾性体ではない．そのことを忘れると実在ゴムの本質を見誤ることになる．実際，途中で伸長を止めると応力緩和（▶ p. 37）現象がみられる（図2.9の実験ではその効果をできるだけ減らすべく伸長を行ったわけである）．あるいはゴムの定義の2) のように完全に可逆的には元に戻らず，ヒステリシスを描く．すなわちエネルギー散逸が生じている．したがって，上記の曲線を弾性体近似で扱うことには，慣例的にはそのまま解析しているものの，かなり無理があるといえよう．粘弾性体モデルを考慮したさまざまな構成方程式が提案されているが，百花繚乱の状態なのが現状である．

2.5.7　ゴム弾性の熱力学

分子論的解釈によれば，**Young率** E は

$$E = 3\nu k_B T \tag{2.36}$$

となることがわかっている[8]．k_B はBoltzmann定数，T は絶対温度である．ν は架橋密度とよばれ，単位体積あたりの架橋点と架橋点を結ぶ高分子鎖（部分鎖）の総数である．c をセグメント数密度，n_c を架橋点間セグメント数（n_c は重合度 n とは直接的関係はない）とすると

$$\frac{E}{3} = \frac{c}{n_c} k_B T \tag{2.37}$$

と書き直すこともできる．架橋密度を増やし，網目を小さくすると**Young率**が上昇するのである．また**Young率**が温度に比例することは，高分子鎖一本のエントロピー弾性（▶ p. 45）が温度に比例することの直接的な帰結であるが，このことを図2.9のような実験から導き出すことが難しいのは応力緩和を考慮に入れていないから当然である．熱力学的な測定を行うためには，やはり熱平衡状態を相手にする必要がある．そのような実験からはもちろん**Young率**が温度に比例すること

がしっかりと示されている．金属では温度を上げればYoung率は低下するので，ゴム弾性は本質的に金属のもつエネルギー弾性とは異なるのである．歴史的には，ゴム弾性はまず熱力学的手法によってメスを入れられてきた．ゴムを急激に引っ張るとゴムの温度が上昇する**Gough-Joule効果**などもその範疇で理解できるものである．

以上述べてきたように，ゴム弾性をわれわれはまだ完全には正しく理論的に記述できていない．ゴム弾性は古くて新しい学問なのである．

参考文献
1) 日本ゴム協会第43回ゴム技術進歩賞「伸び最大の架橋ゴム」(受賞該当者なし)，(1988)
2) 久保亮五，"ゴム弾性（初版復刻版）"，5章，裳華房 (1996)
3) 中嶋 健 ほか，日本ゴム協会誌，**79**(10), 466 (2006)
4) S. Toki, et al., J. Polym. Sci., Polym. Phys., **42**, 956 (2004)
5) L. R. G. Treloar, "The Physics of Rubber Elasticity", Oxford University Press (1975)
6) H. M. James, E. Guth, J. Chem. Phys., **11**, 455 (1943)
7) M. Mooney, J. Appl. Phys., **11**, 582 (1940)
8) たとえば「入門講座やさしいゴムの物理」，日本ゴム協会誌，**81**(6), 223 (2008)

2.6 からみ合い

> この節のキーワード：
> 高分子溶融体，プラトー弾性率，終端緩和時間，からみ合い，管模型，揺動散逸定理，レプテーション

2.6.1 弾性率に関する疑問

濃厚な高分子溶液あるいは**高分子溶融体**（メルト）が粘っこい性質，粘性をもっていることは明らかである．ハチミツのようなものを思い出してもらえばよい．これらが示す粘性をEinsteinの粘度式（砂糖水が

水よりも少し粘っこいことをかのEinsteinが理論的に説明した式)[1]のように，溶媒と溶質の間の単純な摩擦のみに起源を求めることは難しい．高分子らしさが顕著に現れる部分だといえる．そして前節までで議論してきたように，**高分子溶融体**にも当然弾性的性質が現れるのでこれは粘弾性（<u>☞ p. 35</u>）体である．「ハチミツに弾性が？」と疑問に思う人は，どのようにしたらそれを確かめられるかの思考実験を行ってみることをお勧めする．

さて2.2節でMaxwell模型（<u>☞ p. 36</u>）を使って勉強したように，粘度 η，弾性率 E と緩和時間 τ（<u>☞ p. 37</u>）の間には次の普遍的なスケーリング（<u>☞ p. 48</u>）的関係が存在する．

$$\eta = E\tau \tag{2.38}$$

ところで2.5節で説明したように，架橋した高分子網目は一定の**プラトー弾性率**（<u>動的粘弾性</u>（<u>☞ p. 38</u>）測定における<u>ゴム状平坦領域</u>（<u>☞ p. 39</u>）の弾性率）をもつ．

$$E = 3\nu k_B T \tag{2.39}$$

そこでは ν を架橋密度とよんだが，c をセグメント数密度，n_c を架橋点間セグメント数（n_c は重合度 n とは直接的関係はない．架橋密度が高ければ，n_c は必然的に小さくなる）とすると

$$E \cong \frac{c}{n_c} k_B T \tag{2.40}$$

と書き直すことができる．同様に2.2節でも扱ったように長い鎖からなる**高分子溶融体**もある範囲でゴム状平坦領域が存在し，その部分の弾性率は

$$E \cong \frac{c}{n_e} k_B T \tag{2.41}$$

と書ける．架橋していない**高分子溶融体**の系では n_e は一体何を表すのであろうか．

また直接的な粘度測定から $\eta \sim n^{3.3\sim3.4}$ となることがわかっている．<u>ゴム状平坦領域</u>から流動域（2.2節 p. 39 の図2.4）へ転移する時間領域

を**終端緩和時間** τ_t とよぶが，これも $\tau_t \sim n^{3.3 \sim 3.4}$ のように振る舞う．E が直接には n に依存しないということから，式 (2.38) によって η と τ_t が n に対して同じようにスケーリングすることは明らかである．緩和時間に関しては τ_0 を高分子鎖一本のダイナミックスに関連する特徴的時間（コラム「Rouse 模型」参照）とすると，$\tau_t \cong \tau_0 n^{3.3 \sim 3.4}$ と書けるが，$\tau_0 \sim 10^{-11}$ 秒であっても $n \sim 10^4$ であれば τ_t は 100 秒のオーダーに達する．一体この長い時間は微視的にはどんな現象に対応しているのだろうか．

2.6.2　からみ合いのモデル化

　からみ合い相互作用は，図 2.10 に示したように高分子鎖が他の高分子鎖を横切っては動くことができないという制約条件を意味する．1.3 節で議論した理想鎖・Gauss 鎖（🔖▶ p. 17）はこの効果を取り入れておらず時として「幽霊鎖」などとよばれる．一方，実在鎖（🔖▶ p. 18）では考慮が必要になることは明らかである．

　からみ合いをモデル化することは難しいことであるが，Edwards, de Gennes, 土井らによって展開された**管模型**が実在の現象をもっとも正しく説明しているモデルとして広く認識されている[2]．弱く架橋したゴムを考えよう（架橋密度の大きい，すなわち架橋点間セグメント数が小

図 2.10　からみ合い相互作用

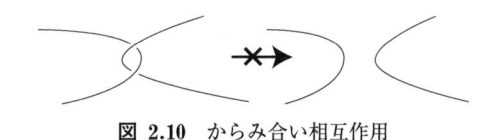

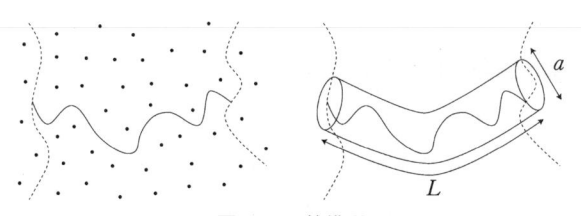

図 2.11　管模型

さいゴムでは**からみ合い**の効果は少ない）．とくに図 2.11 に示した H 型の部分網目を考えることとする．この部分網目鎖にとって周囲の別の鎖はどのように働くであろうか．彼らはそれを固定された点とみなし（パチンコ台にひもを這わせた様子を思い浮かべるとよい），部分鎖はこの拘束された空間でしか運動できないと考えた．さらに押し進めて，部分鎖はほぼ網目の間隔 a と同程度の直径と長さ L をもつ管の中に閉じ込められているとした．自由空間に存在しているときに比べてかなりエントロピーの低い状態に置かれているわけである．

土井らはここでこの仮想的な管について，直径 a は変化しないが長さが L から L' に変化すると仮定してエントロピー変化を計算した．2.4.4 項の式（2.24）で R を L に置き換え，長さを L から L' に変化させると自由エネルギー変化は，

$$F_{\mathrm{el}}(L) = \frac{3k_\mathrm{B}T}{2R_0^2}(L'^2 - L^2) \tag{2.42}$$

となる．自然状態での管は折れ曲がっているが，直径 a と同程度の要素がランダムに z 個つながったものだと仮定すると $L \cong za$ とおける．この折れ曲がった管が伸ばされる過程は高分子鎖一本が伸ばされる状況に似ており，この効果を取り入れた場合，式（2.39）に示した**プラトー弾性率**は式（2.42）から $z^2a^2/R_0^2 \cong z^2a^2/nb^2$ の補正を受ける．z は n に比例していると考えられるので，結局弱く架橋したゴムの**プラトー弾性率**は ν に比例するだけでなく n にも比例することになる．架橋点の存在しない高分子溶融体でも発現する弾性は，このように**からみ合い**が過渡的な網目をつくっていると考えることができる．式（2.41）の n_e は**からみ合い**点間セグメント数とよばれるものである．

2.6.3 Brown 運動と揺動散逸定理

いったん高分子を離れ，溶液中に浮遊する球状粒子の Brown 運動を考えよう．粒子は溶媒中を速度 v で運動することによって $-\zeta v$ という粘性抵抗力を受ける．ζ は摩擦係数である．Einstein はこのような粒子

が溶液中で熱運動を受けるときにどのような拡散をするのかを計算した[3]．拡散係数を D とすると，

$$D = \frac{k_B T}{\zeta} \qquad (2.43)$$

となることがわかっている．なお Einstein の関係式とよばれるこの式が「**揺動散逸定理**」とよばれる非平衡統計力学におけるより一般性の高い定理の一表現であることを覚えておくことをお勧めする．

　高分子に戻ってこの現象を考えよう．1.3 節で考えたように，子供たちは手に手を取ってかなりランダムにその形態を変えている．しかしながら，そのすばやい運動を無視して全体的に校庭の中を移動するようなことを考えるとすると，子供ひとりひとりはほぼ同じような抵抗力を受けるとみなすことができる．したがって重合度 n の高分子鎖一本では，抵抗力は n 倍になる（加算的）．このとき，拡散速度は $1/n$ になることは容易に想像できよう．

$$D_t = \frac{k_B T}{n\zeta} \qquad (2.44)$$

なおこの式はコラムで紹介する Rouse 模型でも，後述する**レプテーション**のような長い時間スケールの運動を考えるときには成立しているとみなすことができる．

2.6.4　レプテーション

　2.6.2 項で紹介した管模型で表されるような高分子溶融体の中での高分子鎖一本の運動を考える．de Gennes はこのような状況では着目している高分子鎖が動いていく際には，管による拘束を無視できないと考えた[4]．彼は高分子鎖が管から脱出するためには，みみずや蛇のように管に沿って動いていかなくてはならないとしたのである．これにはおそらくだいぶ時間がかかるはずで，これが高分子溶融体の高い粘度に関係していると考えられる．de Gennes は高分子に特有のこのような運動モードを，爬虫類を意味する言葉をもじって**レプテーション**と名づけた．

管を脱出するための時間を求めてみよう．管の長さは $L=za$ 程度で高分子鎖は時間 t の間に式 (2.44) にしたがい拡散する．したがって $\sqrt{D_t t}$ 程度の距離を移動する．よって，

$$t = \frac{L^2}{D_t} = \frac{n\zeta}{k_B T} L^2 = \frac{n\zeta}{k_B T} z^2 a^2 = \frac{\zeta a^2}{k_B T} nz^2 \equiv \tau_0 nz^2 \qquad (2.45)$$

となる．上で述べたように z は n に比例するので

$$t \cong \tau_0 n^3 \qquad (2.46)$$

である．この t，すなわち脱出時間は，これによってもともと（仮想的に）あった管が新しい管に更新されるので管更新時間ともよばれる．**終端緩和時間** τ_t とは n に対する指数に若干の違いがあるが，これは管に沿っての長さ L のゆらぎ，すなわち高分子鎖一本の運動モードを Rouse 模型（コラム参照）によって真面目に取り扱うことで解消される．すなわち t と τ_t は同一視してよいものである．

以上述べてきたように，**高分子溶融体**中では**からみ合い**相互作用が重要な役割を演じる．**高分子溶融体**の弾性率や粘度の強い重合度 n 依存性はこの相互作用によるもので，それを**管模型**，**レプテーション**などでモデル化した先人たちの知恵に感服する．ある**高分子溶融体**に若干の高分子量高分子をブレンドすると，力学物性や結晶化（→ p.82）挙動に大きな変化がみられることが報告されているが（シシカバブ構造（→ p.70）の項参照），そこでも**からみ合い**の効果が発揮されているに違いない．

参考文献
1) A. Einstein, *Ann. Phys.*, **19**, 289 (1906)
2) 土井正男，小貫 明，"岩波講座 現代の物理学 高分子物理・相転移ダイナミクス"，4章，5章，岩波書店 (1992)
3) A. Einstein, *Ann. Phys.*, **17**, 549 (1905)
4) ド・ジャン，"物理学叢書 高分子の物理学—スケーリングを中心にして"，8章，吉岡書店 (1984)

コラム　Rouse 模型

　本書では「高分子鎖一本のダイナミックス」をそれ自身としては扱わなかったが，本節に出てくるように高分子の運動を理解する上で非常に重要なのでぜひ文献 2) や 4) をあたってほしい．そこで学ぶひとつの重要な模型に Rouse 模型というものがある．1.3 節で紹介した自由連結鎖（▶ p.16）では高分子鎖一本をセグメントに分割し，そのセグメント間は互いの軸が自由に回転できるとしたものであり，すでに十分動的なイメージがあるがこれでは高分子の緩和現象はまったく理解できない．それを理解するために Rouse はビーズ玉をばねで連結した模型を考えた．それを Rouse 模型とよぶ．

　高校の物理で二つの質点がばねで結ばれた系の運動方程式を解いた経験をお持ちの方も少なくないだろう．この場合，二つの質点の運動方程式をうまく変換すると重心運動と相対運動の運動方程式に分離できたことを覚えているかもしれない．さらに両側にばねがつながった系，あるいは質点がさらに多くつながった系を一般に連成振動系とよぶが，大学で物理を学んだ人ならこれの連続極限が波動方程式になることもご存知だろう．Rouse 模型はまさにこの連成振動系であるといえる．ただし通常の連成振動系で重要な慣性項は重要でなく（ビーズは軽い！），各ビーズ玉に働く粘性抵抗力が重要なのは本文からも理解されるところである．また，ばねも通常イメージするばねではなく，ビーズとビーズの間の部分鎖を Gauss 鎖（▶ p.17）として扱い，エントロピー弾性（▶ p.45）的に振る舞うばねを考える．

　連成振動系が上記の重心運動と相対運動のように運動モードに分解できるように Rouse 方程式もモード分解でき，最終的に異なる緩和時間をもつ複数の運動モードの線形結合解が得られる．p をモード番号，$\bm{r}_{ip}$ ($i=1, 2, \cdots, n$) を各ビーズの空間座標，$\bm{A}_p$ を p モードの振幅とすると，

$$\bm{r}_{ip}(t) = \bm{A}_p \cos\frac{\pi p i}{n} \exp\left(-\frac{t}{\tau_p}\right) \tag{2.47}$$

$$\tau_p = \frac{\zeta a^2}{3\pi^2 k_B T}\left(\frac{n}{p}\right)^2 \qquad (2.48)$$

となる．この Rouse 緩和時間 τ_p の式中に現れている $\zeta a^2/k_B T$ は本文中の τ_0 と本質的に同等のものである．

3章

高分子の結晶

　水を冷やすと結晶化して氷になるように，高分子にも溶融状態から冷却していくと分子が整列して結晶化するものがある．このとき，高分子が多数の原子の「つながった」ものであることに起因して，さまざまなモルフォロジーを示すことが知られている．これらのモルフォロジーには階層構造があり，観察するスケールによって違った姿を見せてくれる．

　本章ではこれらの中から代表的なものを紹介し，それらがどのようにして形成されるのかについて述べる．また，各階層の構造観察にはそれぞれのスケールに適した測定法があり，これについても紹介する．

3 章

器分子の生成

3.1 高分子結晶の構造

この節のキーワード：
結晶性高分子，球晶，ラメラ結晶，高分子結晶，折りたたみ鎖結晶，伸びきり鎖結晶，シシカバブ構造

3.1.1 結晶性高分子

　高分子には化学構造によって結晶化するものとしないものとが存在する．結晶化するかどうかは高分子鎖の立体規則性（▶p.9）に大きく依存し，アタクティック高分子（▶p.11）は非晶性であるが，アイソタクティック高分子（▶p.11）やシンジオタクティック高分子（▶p.11）には結晶化するものが多い．たとえばポリエチレンのように非常に分子構造の対称性が高いものは結晶化しやすい．またポリスチレンの場合，CDのケースなど身のまわりのさまざまなものに使用されているアタクティックポリスチレンは結晶化せず透明であるが，シンジオタクティックポリスチレンは結晶化することが知られている．

3.1.2 球　　晶

　結晶性高分子を融点（T_m）より十分に高い温度で融解させた後，融点以下の適当な温度で保持すると結晶化し，多くの場合白濁する．このような高分子の結晶化の過程を偏光顕微鏡（▶p.72）下で観察すると，円盤状の結晶が成長していくのを見ることができる．この構造は三次元的には球状に成長するため，**球晶**とよばれている．

　例として図3.1にポリトリメチレンテレフタレート（PTT）球晶の偏光顕微鏡写真を示す．これは，微量のPTT（$T_m=228°C$）をスライドガラスとカバーガラスの間に挟み280°Cで溶融し，10 μm以下の厚さにしたものを190°Cで保持し等温結晶化させたものである．高分子は結

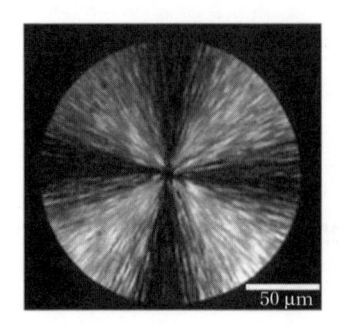

図 3.1 ポリトリメチレンテレフタレート（PTT）球晶の偏光顕微鏡写真

晶核の形成と成長により結晶化が進行するが，形成される核の数が少なければ（高温で結晶化させた場合）核間の距離が長くなるため，各球晶は大きく成長することができる．一方，核形成頻度の高い条件下（低温）で結晶化させると，核間距離が短いため，各球晶は成長過程で互いに衝突し，それ以上成長することができなくなる．このとき観察されるモルフォロジーは円盤状（球状）ではなくなり，各球晶の境界に形成された直線（平面）で囲まれたものになる．一般には球晶のサイズが大きくなると材料は脆くなってしまう．したがって通常身のまわりで使用されている高分子材料では球晶のサイズが小さくなるような条件下で結晶化させている．

3.1.3 ラメラ結晶

電子顕微鏡観察などにより，**球晶**をさらに詳細に調べていくと，帯状の**ラメラ結晶**が球晶の中心から円周方向へ放射状に成長することにより形成されていることがわかる．図3.2はPTT球晶の一部を透過型電子顕微鏡（TEM）で観察したものであるが，図中の線状の白い部分がラメラ結晶で，写真の上下方向に成長していることがわかる．またラメラ間の黒い部分は（染色された）非晶部分であり，球晶がラメラ結晶と非晶からなることがわかる．このラメラ結晶の繰り返し周期（長周期）は小角X線散乱（SAXS）（▶ p. 149）の測定から知ることができる（図3.3）．SAXSプロファイルにみられるピーク位置の散乱ベクトル

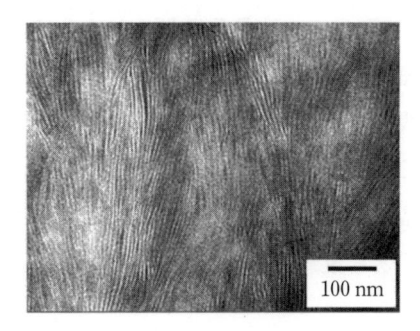

図 3.2 PTT 結晶ラメラの透過型電子顕微鏡写真

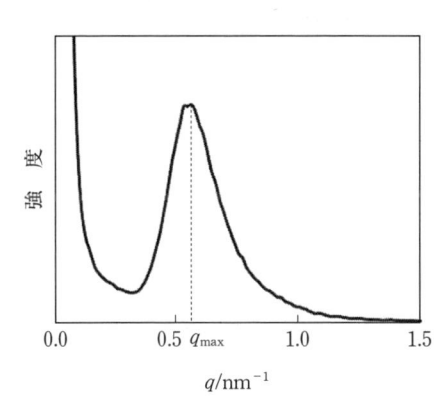

図 3.3 PTT 結晶の SAXS プロファイル

q_{max}（→ p.149）がそれに対応しているため，この q_{max} の値からラメラの長周期 $L=2\pi/q_{max}$ を求めることができる．図 3.3 の場合，ピーク位置は $q_{max}=0.547\,\mathrm{nm}^{-1}$ であるので，ラメラの長周期は $L=11.5\,\mathrm{nm}$ と求まる．

広角 X 線回折（WAXD）の結果からは，PTT 結晶の単位胞の c 軸（分子鎖方向）は，ラメラの成長方向にほぼ直交することがわかっている（PTT にかぎらず，一般に**高分子結晶**の c 軸方向はラメラの成長方向とは一致しない）．したがって，分子鎖はほぼラメラの厚さ方向に配向していることになる．ラメラの長周期が分子鎖の長さに比べてはるかに小さいことなどから，現在では**ラメラ結晶**は高分子鎖が折りたたまってできた**折りたたみ鎖結晶**であることが知られている．多くの場合，高分子の結晶化は折りたたみ鎖結晶の形成により行われる（もちろんそうでないものもあり，これについてはこの後で述べる）．高分子鎖間には

からみ合い（🔖 p. 59）が存在するため，結晶化時間内にからみ合いがほどけない場合，そのような箇所は結晶部分の外側に排除され，これがラメラ結晶間に非晶部として残る．したがって，偏光顕微鏡下では一見完全に結晶化して見える試料であっても球晶内部（ラメラ間）に非晶が存在しているため，通常は結晶化度（🔖 p. 77）100％の高分子材料を得ることは困難であり，少なくとも数％は非晶部が存在している．

3.1.4 伸びきり鎖結晶・シシカバブ構造

　常圧で結晶化させると多くの場合，折りたたみ鎖結晶が形成されるが，ポリエチレンなど一部の高分子では高圧下で結晶化させることにより**伸びきり鎖結晶**も得られており，結晶化度もかなり高くなることが報告されている．

　一方，高分子をせん断流動や伸長流動下で結晶化させると，図3.4に示すような**シシカバブ構造**とよばれる特徴的な構造をとることが知られている．この構造は，串状の結晶であるシシ構造と，シシ構造のまわりに形成された**ラメラ結晶**であるカバブ構造からなっている．高分子を材料として使用する際には射出成形などを行うことにより成形するが，その際に高分子は流動場にさらされることから，シシカバブ構造の形成機構は学問的にだけでなく工業的にも興味深い．とくに近年，シンクロトロン放射光の測定装置が比較的手軽に利用可能になったことから盛んに研究が行われている．その結果，シシの形成には超高分子量成分が必要であり，分子鎖のからみ合いにより流動場中で分子鎖が引き伸ばされて

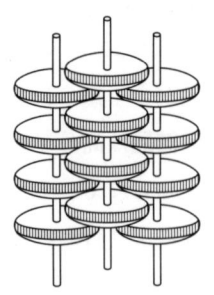

図 3.4　シシカバブ構造

配向し結晶化することで形成されること,カバブ構造はシシ構造に対してエピタキシャル成長することにより形成されることが報告されている.また,シシ構造は分子が引き伸ばされた状態で結晶化していることから融点が高く,また力学的な強度も強いため,成形加工時にこのような構造を材料中に充てんすることにより材料の高性能化を図る試みもなされている.

参考文献
1) G. R. ストローブル(深尾,宮本,宮地,林 訳),"高分子の物理",第4章,シュプリンガーフェアラーク東京(1998)
2) 奥居徳昌,"高分子サイエンス One Point 高分子の結晶",共立出版(1993)

コラム　結晶性高分子はなぜ白い?

　結晶化させた高分子の多くは白く見える.身近なものではたとえばペットボトルの口の部分の白いもの(透明なものは結晶化度が非常に低い)や,ポリプロピレン製の食品容器などを想像してもらえるとわかりやすい.結晶化したものが白いというと,結晶が白く見えるものと思われるかもしれないが,一般的には結晶=白いという図式は成り立たない.たとえばNaClやKClの単結晶は透明であるし,ダイヤモンドも結晶であるがこれも透明である.一方,食卓にのる粒状の食塩は白濁して見えるが,これは空気と食塩の結晶粒子界面で光散乱が起きているためである.**高分子結晶**が白く見えるのはこれと状況が似ている.高分子の結晶化試料中には結晶部と非晶部が混在しており,通常,結晶のほうが非晶よりも密度が高く屈折率も高い.そのため結晶と非晶の界面で光散乱が起きるのである.また色が白く見えるというのは光の三原色がすべてそろっている場合であり,太陽光の下ではさまざまな方向からきた光が結晶・非晶の界面で散乱され,可視光域のさまざまな波長の光が重なって目に届くため白く見えるのである.

では結晶化した高分子はすべて白いかというと，例外もある．たとえばお菓子の箱の包装フィルム（PP）やPETボトルの胴体部分は透明だが，実は結晶化している．これは，フィルムやボトルの成形時に延伸処理を行っているためで，これにより結晶のサイズが光の波長（数百nm）に比べて十分に小さくなりほとんど光散乱が生じないからである．

3.2 高分子結晶の偏光顕微鏡観察

この節のキーワード：
偏光顕微鏡，複屈折，屈折率楕円体，マルテーゼクロス

結晶性高分子（⇒ p. 67）のモルフォロジーを観察する重要なツールの一つとして，偏光顕微鏡があげられる．ここでは偏光顕微鏡を用いて高分子の結晶，とくに球晶（⇒ p. 67）を観察した際のモルフォロジーについて解説する．

3.2.1 偏光顕微鏡の光学系の概略

偏光顕微鏡と通常の光学顕微鏡との違いは，端的にいうと偏光板の有無にある．偏光顕微鏡では試料台の上下に偏光板が取り付けられており（図3.5(a)），通常はそれら2枚の偏光板の光透過軸が直交するように

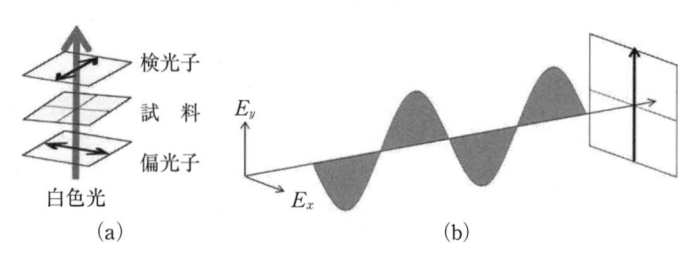

図3.5 (a) 偏光顕微鏡における偏光板の配置，(b) 直線偏光における光（電場）の振動方向

配置（直交ニコル）してある．光源側の偏光板を偏光子（ポーラライザー），もう一方の偏光板を検光子（アナライザー）とよぶが，これら偏光板は特定の方向の直線偏光のみを取り出す作用がある．ここで直線偏光の概念図を図 3.5(b) に示す．光は電磁波であるが，可視光の波長では磁場と物質との相互作用がほとんどないため，通常は電場成分で表す．いま，自分に向かって進んでくる光を考えるとき，光の振動方向が直線上を往復しているように見える（もちろん実際には見えないが）場合，これを直線偏光という．

さて，話を**偏光顕微鏡**に戻すが，偏光子を透過して直線偏光となった光が試料を透過した際に偏光方向が変化しない場合（試料の屈折率に異方性がない場合），この直線偏光の偏光方向と検光子の透過軸とは直交するため検光子を透過することができず，顕微鏡下では真っ暗で何も見えない．一方，入射光の偏光方向によって屈折率が異なるような試料の場合，透過した光の偏光状態が変化し，検光子の透過軸に平行な方向成分が検光子を透過し明るく見える．この屈折率の異方性を**複屈折**というが，複屈折の大きさやその方向によって透過光の明るさにコントラストがつき，それによって結晶のモルフォロジーを観察することができる．ではなぜ複屈折があると試料を透過した光の偏光状態が変化するのだろうか．以下で考えてみることにしよう．

3.2.2 高分子における複屈折

屈折率の異方性について**屈折率楕円体**を使って考えよう．屈折率楕円体とは，試料に対してさまざまな方向の直線偏光が入射した場合を考え（図 3.6(a)），それぞれの直線偏光に対する屈折率の大きさを中心からの距離で表したものである．たとえば屈折率に異方性がない場合にはどの方向の直線偏光に対しても屈折率の大きさは変わらないから，図 3.6(b) のように円で表すことができる．一方，屈折率に異方性がある場合には偏光の方向によって屈折率の大きさが異なるため，図 3.6(c) のように楕円で表される．ここで，屈折率楕円体の長軸と短軸を主軸，屈

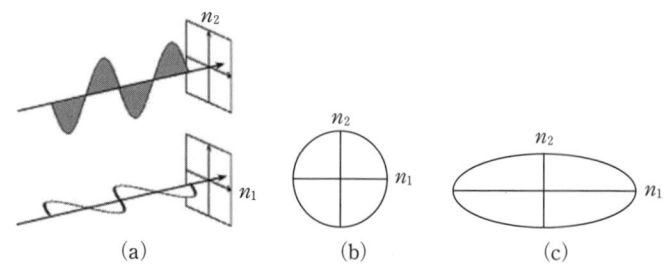

図 3.6 (a) 直接偏光．(b) 屈折率楕円体の屈折率に異方性のない場合．(c) 屈折率楕円体の屈折率に異方性がある場合

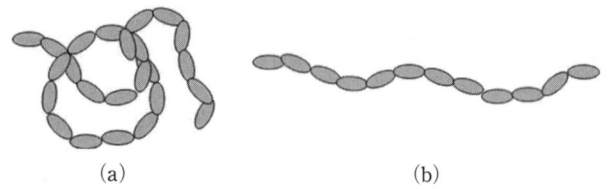

図 3.7 屈折率楕円形のつながりとして表した (a)ランダムコイルおよび (b)延伸した高分子鎖

折率 n_1, n_2 を屈折率の主値という．このとき，複屈折 Δn は $\Delta n = n_1 - n_2$ のように表される．

　以上のことを踏まえて高分子のモノマーユニットの屈折率の異方性を考える．たとえばポリエチレンの場合，主鎖方向のほうがこれに直交する方向に比べて分極しやすいため屈折率も大きく，その屈折率の異方性は主鎖方向に長軸をもつ**屈折率楕円体**で表すことができる．通常，高分子は鎖状で細長い構造を有しているが，溶融状態で十分に緩和させた状態では糸まり状になっている（ランダムコイル（💭▶ p.15））．したがって，分子鎖全体での屈折率の異方性を考えると，各モノマーユニットはランダムな方向を向いているので，分子全体の屈折率の異方性は平均化されて複屈折はゼロになる（図3.7(a)）．この高分子を延伸すると分子鎖が引き延ばされることにより屈折率に異方性が生じ，延伸方向の屈折率がそれに直交する方向に比べて大きくなる（図3.7(b)）．

3.2.3 直線偏光と複屈折

ではこのような複屈折をもった物質を直交ニコルに配置した偏光板の間に挟んだらどう見えるだろうか．ここでは考えやすいように，試料の屈折率楕円体の主軸に対して 45°の角度で直線偏光が入射した場合について考え，図 3.8 に示すように，試料中での光の伝播を屈折率の各主軸方向成分に分けて考える（試料の屈折率楕円体は図 3.6(c) に示すように $n_1 > n_2$ であると仮定する）．この場合，屈折率の大きいほうが光の進む速度が遅いため，試料を透過したとき各方向成分の位相はずれてしまう．透過光はこれらの波の合成波として考えられるため，複屈折体を透過した光は楕円偏光（光の進行方向から光の振動を見たとき，振動方向が回転しながら進行）あるいは直線偏光となる．楕円偏光は検光子の透過軸方向成分を有する，すなわち検光子を透過する光成分が存在し，直交ニコル下でも明るく見えることになる．試料の複屈折の大きさに応じて楕円偏光の形状は変化し，それにともない検光子を通過できる成分の大きさも変化し明るさにコントラストがつく．ただし，偏光子の光透過軸が屈折率楕円体の長軸（あるいは短軸）方向に平行な場合，検光子を通り抜けた直線偏光の物質中での伝播は長軸（短軸）方向の屈折率のみ考えればよいので偏光方向は変化しない．そのため，このような場合には複屈折体であっても暗く見える．

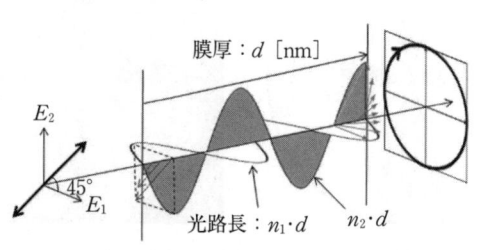

図 3.8 複屈折体中を伝播する光波（電場）の直交する二つの方向成分

3.2.4 球晶の複屈折と偏光顕微鏡写真

結晶中では分子鎖は整列している，言い換えると配向しているため**複屈折**を生じる．したがって，高分子結晶を**偏光顕微鏡**下で観察すると，偏光子・検光子と試料の屈折率楕円体の主軸（長軸，短軸）のなす角度に応じて明暗が生じ，これによって結晶のモルフォロジーを観察することができる．たとえば球晶の場合，ラメラは半径方向に放射状に成長するが，ラメラの成長方向に屈折率が小さく，これに直交する方向の屈折率が大きい場合，球晶中の屈折率の異方性は図3.9に示すように分布していることになる．その結果，偏光子および検光子の光透過軸と屈折率楕円体の主軸が一致する部分は暗く見え，その模様は**マルテーゼクロス**とよばれる[1]．

屈折率楕円体の長軸と短軸方向成分の位相のずれは，試料の厚さが厚いほど大きくなり，その大きさは $\Delta n \cdot d$ （図3.8中に示した光路長の差：$n_1 \cdot d - n_2 \cdot d = (n_1 - n_2) \cdot d = \Delta n \cdot d$）で表され，リターデーション（p.160）とよばれる．もし $\Delta n \cdot d = m\lambda$（$m$：整数，$\lambda$：波長）であれば，試料を通り抜けた光の偏光方向は偏光子の透過軸と同じになるため暗くなり，$\Delta n \cdot d = (m+1/2)\lambda$ では検光子の透過軸と一致し明るくなる．このような条件を満たすリターデーションの値は波長によって異

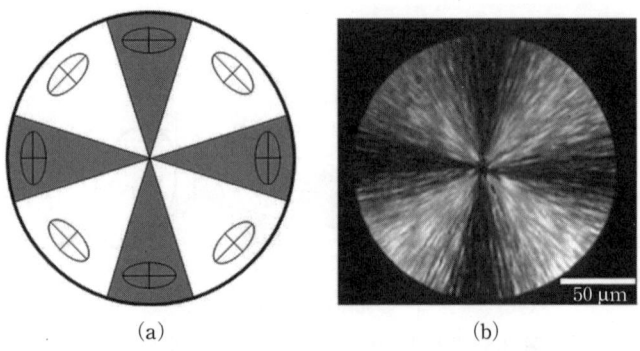

図 3.9 （a）球晶中の屈折率楕円体とマルテーゼクロス，（b）PTT 球晶の偏光顕微鏡写真

なるため，リターデーションが300 nm程度よりも大きければ入射光が白色であっても透過光はリターデーションに依存して着色する[2]．通常，球晶の複屈折はそれほど大きくないため，試料の厚さが10～20 μm程度の場合リターデーションは300 nm以下であり，偏光顕微鏡下ではモルフォロジーは白黒の画像として観察される．より詳細にモルフォロジーを観察する場合，単なる明暗だけでなく色の違いがあるほうがコントラストがついて観察が容易になる．そこで，リターデーションの小さい試料については，鋭敏色検板（530 nmだけリターデーションを上乗せする複屈折体）を試料と検光子の間に入れて使用する．また，複屈折の大きい試料であれば，鋭敏色検板なしでも着色した画像を観察することができる．

参考文献
1) G. R. ストローブル（深尾，宮本，宮地，林 訳），"高分子の物理"，p.144，シュプリンガーフェアラーク東京（1998）
2) 粟屋 裕，"高分子素材の偏光顕微鏡入門"，pp.71-73，アグネ技術センター（2001）

3.3 結晶化度と微結晶サイズ

> この節のキーワード：
> 結晶化度，微結晶サイズ，Scherrerの式

結晶性高分子を通常の条件下で結晶化（▶ p.82）させると，結晶と非晶（液体）の2相が混在した固体になる．結晶サイズは低分子や金属の結晶よりもはるかに小さく，数十nm程度の微結晶である．固体中の結晶の割合は，**結晶化度**とよばれ，**微結晶サイズ**とともに固体の物性に大きく影響するから，これらの定量的評価が必要である．ここでは結晶化度の評価法と微結晶サイズの評価法を述べる．

3.3.1 結晶化度

結晶化度には結晶の体積分率 x_{cv} と重量分率 x_{cw} による表記がある．また，決定法によって結晶化度の値が異なるので，結晶化度を報告するときは，数値とともに決定法も明示しなければならない．

(1) 密度測定による方法

結晶化度を知りたい試料の実測密度を ρ，完全結晶の密度 ρ_c と非晶密度 ρ_a とすると，**結晶化度**（体積分率）x_{cv} は

$$x_{cv} = \frac{\rho - \rho_a}{\rho_c - \rho_a} \tag{3.1}$$

結晶化度（重量分率）x_{cw} は

$$x_{cw} = \frac{\rho_c}{\rho} \frac{\rho - \rho_a}{\rho_c - \rho_a} \tag{3.2}$$

で与えられる．

ρ の測定は浮沈法で実測する．気泡が入らないように調製した試料を KBr 水溶液中に置く．KBr 水溶液の密度と試料の密度が一致するとき，試料は液中で静止する．KBr 濃度を調整し，試料を液中で静止させ，そのときの KBr 水溶液の密度をピクノメーターで測定する（水溶液の温度が同一になるように注意する）．

ρ_a も同様に実測するのが基本だけれども，結晶性高分子の完全な非晶試料を得るのは困難であることが多い．ポリエチレンのような主要高分子については Polymer Handbook[1] にデータが掲載されている（$\rho_a = 0.853 \, \text{g cm}^{-3}$）．

ρ_c は結晶格子の情報から計算する（これも主要な高分子については Polymer Handbook[1] にデータがある）．ポリエチレンの単位胞は $a = 7.4 \, \text{Å}$，$b = 4.9 \, \text{Å}$，$c = 2.55 \, \text{Å}$ の斜方晶であり，その中に高分子鎖の繰り返し単位（CH_2CH_2）が二つ含まれている．単位胞の体積 V は $V = 7.4 \times 4.9 \times 2.5 = 90.7 \, \text{Å}^3 = 9.07 \times 10^{-23} \, \text{cm}^3$ であり，その中に含まれる原子の質量の和 W は $W = (12.0 \times 2 + 1.0 \times 4) \times 2/(6.02 \times 10^{23}) =$

9.30×10^{-23} g(6.02×10^{23} は Avogadro 数).したがって,$\rho_c=W/V=1.025$ g cm^{-3} となる.実測した ρ が,0.953 g cm^{-3} のとき,式 (3.2) より,重量結晶化度は

$$x_{cw}=\frac{\rho_c}{\rho}\frac{\rho-\rho_a}{\rho_c-\rho_a}=\frac{1.025}{0.953}\frac{0.953-0.853}{1.025-0.853}=0.625 \quad (3.3)$$

となる.

(2) 示差走査熱量(DSC)測定による方法

DSC で試料の融解熱 (ΔH_m) を測定し,結晶化度 100% の試料の融解熱 (ΔH_m^0) との比から $x_{cw}=\Delta H_m/\Delta H_m^0$ が求められる.この方法の最大の欠点は,測定時の昇温過程で再結晶化が起こり,結晶化度が過大評価されてしまうことである.これを防ぐために,100°C min^{-1} の高速昇温で ΔH_m を測定する試みがなされている[2].代表的な高分子の ΔH_m^0 は,The Advanced Thermal Analysis System[3] に掲載されている.

(3) 広角 X 線回折(WAXD)による方法

非晶部を含む高分子固体の WAXD プロファイルは,結晶格子由来の回折ピークが非晶由来の散漫散乱の上に乗った形で現れる(図 3.10).散乱 X 線の強度は物質の凝集状態(気体,液体(非晶),結晶)にかかわらず常に一定となるので,X 線回折パターンの散乱ピークを結晶部分による散乱と非晶部分による散乱とに分離すれば,固体中での結晶の

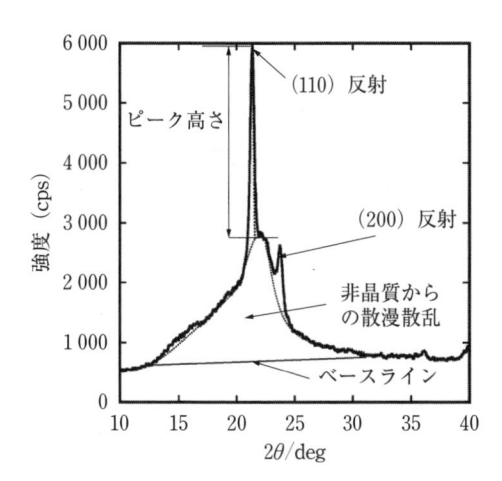

図 3.10 粉末ポリエチレンの X 線回折パターン

重量分率 x_{cw} は $x_{cw}=A_c/(A_c+A_a)$ で求められる．ここで，A_c は結晶からの回折ピーク面積，A_a は非晶からの散乱の面積である．この方法では，熱振動の影響や結晶の不完全性の影響で結晶の散乱強度が過小評価されてしまうため，結晶化度も過小評価される．

粉末状ポリエチレンの回折パターンを，粉末X線回折計で2 deg min^{-1} の走査速度，回折角範囲 $2\theta=10\sim40°$ で測定する（図3.10）．ベースラインを決定し，(110) 反射と (200) 反射の二本の回折ピークとそれらのピークの下にある散乱ピークを図3.10のように分離する．(110) 反射と (200) 反射の二本の回折ピーク面積を合わせて A_c とする．それぞれのピークの面積 A_c，A_a から $x_{cw}=A_c/(A_c+A_a)$ となる．

3.3.2 微結晶サイズ

高分子結晶では，一つの単結晶とみなせる領域が非常に小さいため，WAXDパターンでは，結晶の回折ピークが鋭くない．結晶に不完全性がなく，微結晶の大きさが均一である場合，波長λで測定したX線回折パターン中の回折角 2θ にある回折ピークの広がり β（単位はラジアン）と微結晶の大きさとの間に

$$D_{hkl}=\frac{K\lambda}{\beta\cos\theta} \qquad (3.4)$$

（D_{hkl}：hkl 面に垂直な方向の微結晶の大きさ，K：Scherrer定数（D や β の定義によって異なる），λ：X線の波長）という関係（**Scherrerの式**）が成り立つ[4]．β に回折ピークの半値幅を用いた場合，$K=0.94$ である．ただし，観測されるピーク幅の広がりから**微結晶サイズ**を求めるときは，光学系による回折ピークの広がりを差し引かなければならない．観測されるピークおよび光学系による広がりをもったピークがともにGauss関数でフィッティングでき，それぞれの半値幅が β_{obs}，β_{ins} であるとき，微結晶サイズに由来するピークの広がり β は

$$\beta=\sqrt{\beta_{obs}^2-\beta_{ins}^2} \qquad (3.5)$$

である．（β，β_{obs}，β_{ins} の単位はラジアンである）．β_{ins} は，標準試料

(25 μm 以上の大きさで格子ひずみのない試料，たとえば 500 メッシュから 350 メッシュ程度の α 石英を 800℃ で熱処理したもの）の X 線回折パターンから求める．光学系による回折線の広がりは回折角 2θ および Miller 面の方向に依存するので，厳密には，一連の反射（たとえば（111），（222）または（200），（400）など）のピークの半値幅を決定し，補間法によって β を決定したいピークが位置する回折角での β_{ins} を求める．

ここでは簡易的な方法を述べる．粉末状ポリエチレンの回折パターンを，粉末 X 線回折計で 2 deg min^{-1} の走査速度，回折角範囲 $2\theta=10\sim 40°$ で測定する（図 3.10）．半値幅を決定するときピーク高さは，非晶ピークの上から測る．$2\theta=21.6°$ の反射の半値幅 $\beta_{obs}=0.0134$ である．β_{ins} として標準粉末シリコン（純度 99.999％，～200 メッシュ）の（111）反射（$2\theta=28.4°$）の半値幅（0.00306 ラジアン）を採用する．式（3.5）に代入し $\beta=0.0130$，式（3.4）から（110）面に垂直な方向の微結晶サイズは 114 Å と求まる．

これらの方法で決定された結晶化度や微結晶サイズを絶対的な値ととらえないほうがよい．それはこれらの方法が結晶性高分子固体が完全結晶と非晶の 2 相からなるという仮定や，結晶と非晶からの散乱強度が同一であるという近似によっているからである．

参考文献
1) J. Brandrup, E. H. Immergut, E. A. Grulke, eds., "Polymer Handbook, 4th ed.", Chap. 6, Wiley, New York (1999)
2) T. F. J. Pijpers, *et al.*, *Macromolecules*, **35**, 3601 (2002)
3) http://athas.prz.rzeszow.pl/
4) 早稲田嘉夫，松原英一郎，"X 線構造解析"，pp. 121-123, 内田老鶴圃 (2002)

3.4 高分子の結晶化と融解

> この節のキーワード：
> 結晶化，結晶化温度，平衡融点，Hoffman-Weeksプロット，核剤

　結晶性高分子（→ p.67）を工業的に利用する際，生産性の面から結晶化速度が速いほうが好ましく，また結晶化度（→ p.77）や結晶のサイズは力学特性や熱的特性に大きく影響するため，これらを制御しなければならない．そこで，ここでは結晶化に影響を及ぼす因子について紹介する．

3.4.1 結晶の成長機構（核生成と成長）[1,2]

　結晶性高分子を融点より十分に高い温度で融解させた後，融点とガラス転移温度の間の適当な温度に下げると**結晶化**する．このとき結晶化はまず結晶核の形成（一次核形成）に始まり，その核をもとにして結晶が成長する．偏光顕微鏡（→ p.72）下で観察されるような球晶（→ p.67）の成長過程では，結晶の成長面上に分子が付着し結晶核を形成（二次核形成）することにより結晶化が進行する．したがって結晶の成長速度 G は，結晶面上に二次核を形成させるのに必要なエネルギーに関連した項（K：二次核形成因子）と，分子鎖を結晶表面に輸送する（拡散させる）のに必要な活性化エネルギー（ΔE）とに大きく依存することが知られている（式 (3.6)）．

$$G = G_0 \exp\left(-\frac{\Delta E}{RT} - \frac{KT_m^0}{RT_c \Delta T}\right) \tag{3.6}$$

ここで式中の各パラメーターの意味は以下のとおりである．G_0：温度に依存しない定数，R：気体定数，T_c：**結晶化温度**，T_m^0：**平衡融点**，$\Delta T (= T_m^0 - T_c)$：過冷却度．結晶成長速度は結晶化温度に大きく依存しており，成長速度を結晶化温度に対してプロットすると，図3.11に

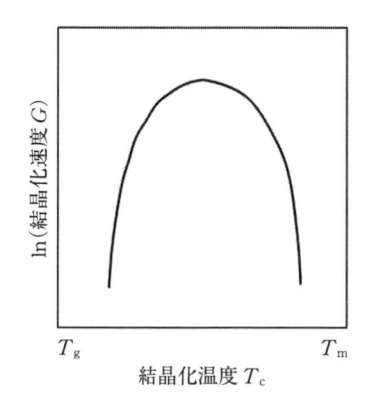

図 3.11 結晶化速度の温度依存性

示すように温度に対して上に凸となるような挙動を示す．

　式中の過冷却度 ΔT は，高分子の結晶化を考える上で重要なパラメーターである．高分子を溶融状態から融点以下の温度に冷却していくと，粘度が高いため結晶化することなく過冷却状態となり，融点よりもある程度以上低温にならなければ結晶化しない．過冷却度 ΔT が大きい，すなわち**結晶化温度**が低いと，結晶核の生成確率は高くなるが，分子の運動性は低くなるため分子鎖は拡散しにくくなり，結晶化速度は低下する．一方，高温では分子鎖は拡散しやすくなるが，過冷却度が小さいため結晶核の生成確率が低くなり，結果としてやはり結晶化速度は低下する．そのため図 3.11 のように温度に対して釣鐘型の依存性をもつのである．

　ここまでの議論は一つの球晶に注目したときの成長速度についての話であるが，実際の結晶化においては一次核の生成頻度も同様に低温のほうが高くなるため，低温で結晶化させたほうがより多くの一次核が形成され，多数の球晶が形成される．その結果，各球晶は大きく成長する前に隣り合う球晶と衝突してしまい，微細な球晶が多数存在するようなモルフォロジーをとる．一方，高温で結晶化させると一次核の生成頻度が低いため，球晶間距離が大きくなる．そのため，球晶は隣り合う球晶に衝突するまでの間，大きく成長することができる．また，高温で結晶化させた場合であっても，いったん低温に急冷した後に高温で結晶化させ

た場合，多数の球晶が発生して微細なモルフォロジーを得ることができる．

3.4.2 高分子結晶の融点

結晶性高分子の融点は結晶のサイズに依存し，ラメラ結晶（🔖▶ p.68）の場合ラメラ厚に大きく依存することが知られている．したがって，融解させた高分子を融点以下の適当な温度で保持して等温結晶化させる場合，**結晶化温度**が高いほどラメラ厚が厚くなるため融点も高くなる．このように考えると，ラメラ結晶の厚さは伸びきり鎖からなる完全結晶以上に厚くすることはできないため，このときに融点が最大値をとると考えられ，この温度を**平衡融点**（T_m^0）という．平衡融点の求め方にはいくつか方法があるが，よく用いられる方法として**Hoffman-Weeksプロット**があげられる（図3.12）．これは，さまざまな結晶化温度（T_c）で結晶化させた試料の融点（T_m）を測定してプロットし，$T_c = T_m$の直線に外挿するという方法であり，これらの交点の温度が平衡融点であると考えられる．

融点は結晶化条件や測定条件に依存するが，平衡融点はそのような条件の影響を受けないと考えられるため，結晶化を考える際にはしばしば平衡融点と結晶化温度の温度差である過冷却度が利用される．

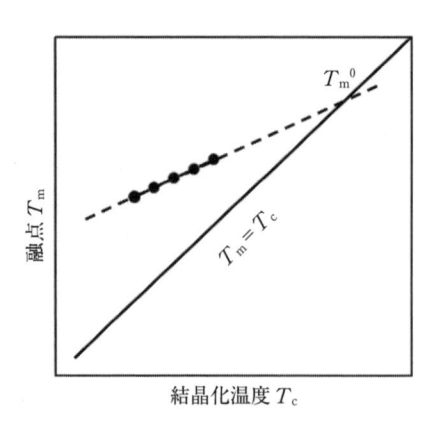

図 3.12 融点の結晶化温度依存性（Hoffman-Weeksプロット）

3.4.3 核　　剤

　耐熱性や力学特性に優れた材料を得るためには結晶化度を高める必要があるが，高分子材料を工業的に利用する場合，生産性の観点から射出成形などの成形プロセスにおいて短時間で結晶化度を高くする必要がある．しかしながら，高分子の種類によっては結晶化速度の遅いものが存在するため，しばしば結晶核となる物質（**核剤**）の導入が行われている．核剤には結晶性の物質が用いられ，微量の核剤の導入により多数の微結晶を発生させ，結晶化速度を促進させることができる．核剤による結晶化促進のメカニズムについては，エピタキシーが重要であると考えられている．エピタキシーとは，核剤の結晶構造に合わせて高分子結晶がその結晶面上に規則的に成長する様式のことであるが，核剤の結晶上に高分子の結晶が成長するわけであるから，両者の格子定数がほぼ等しくなければならない．実際に最近の研究において，核剤の表面において高分子結晶がエピタキシャル成長していることが確認されている[3]．また，核剤の性能を左右する因子としては，核剤表面において高分子の結晶核が形成される際の臨界核形成に必要な自由エネルギー ΔG^*，核剤の濃度 C_{NA} および粒子径 a_{NA} が重要であることも報告されている．ここで，臨界核とは安定して成長することが可能な最小の結晶核のことであり，臨界核形成自由エネルギー ΔG^* は核剤と高分子間のエピタキシー効果を考慮した界面自由エネルギー $\Delta\sigma$ と相関がある．したがって，核生成速度を速くするためには，ΔG^* を小さくする，すなわち結晶化させる高分子に対して $\Delta\sigma$ の小さい核剤を用いることが有効であり，核剤としての効果を向上させるうえでもっとも重要な因子の一つである[4]．また，核生成速度は C_{NA}/a_{NA} に比例するため，核剤のサイズをナノスケールにすることは非常に有効な方法であり，核剤の効果を向上させる手法として利用されている．

参考文献

1) G. R. ストローブル (深尾, 宮本, 宮地, 林 訳), "高分子の物理", 第4章, シュプリンガーフェアラーク東京 (1998)
2) 奥居徳昌, "高分子サイエンス One Point 高分子の結晶", 共立出版 (1993)
3) W.-M. Hou, G. Liu, J.-J. Zhou, X. Gao, Y. Li, L. Li, S. Zheng, Z. Xin, L.-Q. Zhao, *Colloid Polym. Sci.*, **285,** 11-17 (2006)
4) T. Urushihara, K. Okada, K. Watanabe, A. Toda, N. Kawamoto, M. Hikosaka, *Polym. J.*, **41,** 228-236 (2009)

4章

高分子の合成

　ポリマーは，繰り返し単位であるモノマーが数多く「つながった」化合物である．その種類や組合せは無限に存在するので，一見するとほしい物は何でも手に入れられそうである．しかし，ポリマーを得るためには，モノマーの数と同じ回数（数十から数百回）の結合反応を繰り返すことが必要となるので，ポリマーが生成する組合せは，実はそれほど多くはない．4章では，高分子合成化学の本質である，モノマーの「つなげ方」に焦点を当てている．モノマーの化学構造と反応点（活性種）を対応させると理解が早いだろう．読者の皆さんに，高分子合成化学者の「つなげたい」気持ちを感じていただけたら幸いである．

第4章

電力子の合成

4.1 高分子のつくり方

> この節のキーワード:
> 逐次重合，連鎖重合，ビニル重合，共役効果，Q-e 値，ブロック共重合体，末端官能基化ポリマー

4.1.1 重合法の分類

　高分子化合物を合成するためには，低分子化合物を数十から数百（多いときは千以上）結びつけなくてはならない．このような反応を重合反応とよぶ．重合反応は，その機構により**逐次重合**と**連鎖重合**に大別される．さらに前者は反応途中の脱離成分の有無により重縮合（🔖 p.120）と重付加（🔖 p.120）に分類される．また後者の分類はやや複雑で，反応様式に着目すると付加重合（**ビニル重合**），開環重合（🔖 p.111），環形成重合（閉環重合）に分類される．反応活性種による分類としては，ラジカル重合（🔖 p.93），アニオン重合（🔖 p.101），カチオン重合（🔖 p.106），開環メタセシス重合，配位重合，グループ移動重合などがある．さまざまな重合反応のうち，工業的には重縮合やラジカル重合がもっともよく利用されている．なお，Szwarc はリビングアニオン重合によって京都賞，Schrock, Grubbs らは開環メタセシス重合によってノーベル化学賞を受賞している．

　重縮合では通常，二官能性モノマー（モノマー 1 分子中に二つの反応性基をもつ）を 2 種類用意し，それらの官能基が逐次的に反応して重合反応が進行する．重合初期段階からすべてのモノマーが一斉に重合反応に関与し，生成したオリゴマーの反応性基どうしが順次結合を生成し，しだいに高重合体となっていく．ジオールとジカルボン酸によるポリエステル（🔖 p.132）合成や，ジアミンとジカルボン酸からのポリアミド（🔖 p.133）合成が代表的な例である．一方，**連鎖重合**は少量の開

始剤が触媒としてモノマーを活性化し，その活性化されたモノマーが別のモノマーと反応して結合すると同時に活性末端が生成する．この反応がポリマー末端のみで連続的に起こることで高分子が得られる．**連鎖重合**の中で，開環重合によって得られるポリマーは主鎖にエステルやアミド結合を含み，**逐次重合**によって得られるポリマーと類似の構造を有している点で興味深い．

4.1.2 ビニル重合

連鎖重合の中でもとくにエチレンとその誘導体（ビニルモノマー）の重合（**ビニル重合**）に関する報告例は数多く，また工業レベルでさまざまな製品が生み出されている．**ビニル重合**における反応活性点はポリマー鎖末端に存在する．この活性種（共有されていない π 軌道中の電子数）に応じて，カチオン重合（電子数 0 個），ラジカル重合（電子数 1 個），アニオン重合（電子数 2 個）の 3 種に分類される．一般に，ビニルモノマーの反応性は，α 置換基の**共役効果**に関する Q 値と，電子求引効果に関する e 値を用いて比較分類される．各モノマーの Q 値，e 値は，スチレン（$Q=1.0$, $e=-0.8$）を基準とし，ラジカル共重合における反応速度定数比から求めた相対値である．図 4.1 に代表的なビニルモノマーの **Q-e 値**を示す．ビニルモノマーは Q 値が 0.2 以上の共役

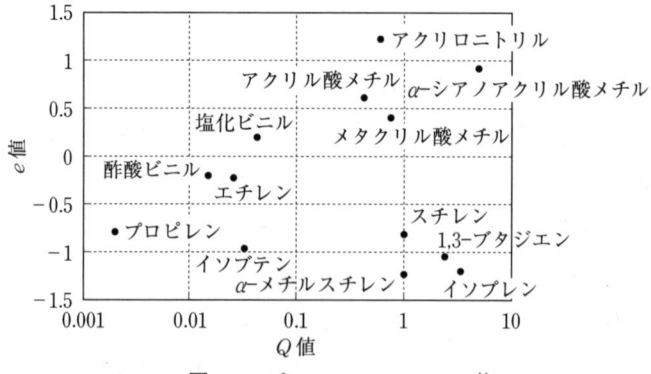

図 4.1 ビニルモノマーの Q-e 値

モノマーと，それ以下の非共役モノマーに大別される．ラジカル重合，およびアニオン重合性モノマーは共役モノマー群，カチオン重合性モノマーは非共役モノマー群に主として見出すことができる．一方，e 値はビニル基の電子密度を表し，置換基が電子供与性の場合は低下し，電子求引性の場合は増加する．e 値が低いものはカチオン重合，高いものはアニオン重合に適したモノマーであると考えられる．なお，スチレン，およびスチレン誘導体はいずれの方法でも重合可能である．

4.1.3 リビング重合

　ビニル重合は，以下の四つの素反応によって表される．1) 開始反応：開始剤によるモノマーの活性化が起こる，2) 成長反応：活性化されたモノマーが他のモノマーと反応し，結合と活性化を繰り返す，3) 停止反応：活性点が消失する，4) 移動反応：活性種がモノマー以外の物質に移動した後，これが新たな活性種として重合反応が開始される．**ビニル重合**によって高分子を合成するためには，開始反応と成長反応が必須である．しかし，停止反応や移動反応が起こると，生成ポリマーの収率や分子量の低下，分子量分布の広がりが生じる．ここで，停止反応や移動反応をともなわず，素反応が開始と成長反応のみからなる場合，リビング重合（ p.116）が進行する．重合がリビング的に進行すると，生成ポリマーの分子量はモノマーと開始剤のモル比で制御できる．そして開始反応速度が成長反応速度よりも十分速い場合，分子量分布はきわめて狭い値を示す．これによって，分子量，分子量分布，組成比，分岐や末端基構造が厳密に制御されたポリマーの精密合成が可能となる．さらに，モノマーが完全に消費された後もポリマーの成長末端の活性が保たれていることを利用し，異相構造や，さまざまな形態の分岐構造を有するポリマーを合成することができる．具体的な例を図 4.2 に示す．**ブロック共重合体**，**末端官能基化ポリマー**，環状構造や分岐構造を有する一連のポリマーがすでに合成されている．

　ブロック共重合体は，ランダム共重合体では困難な，各セグメントの

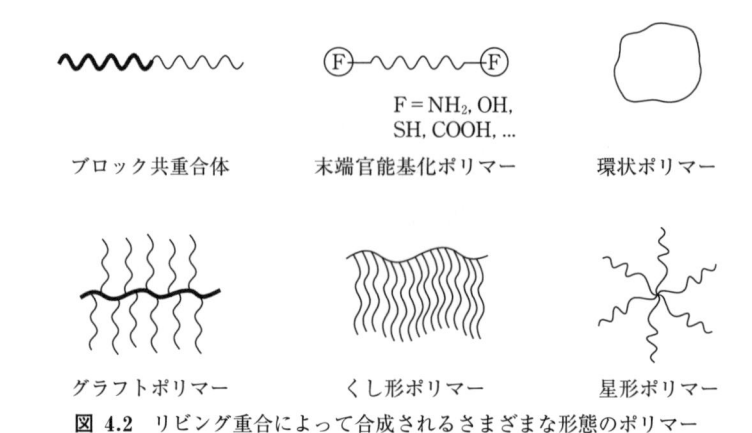

ブロック共重合体　　末端官能基化ポリマー　　環状ポリマー

F = NH$_2$, OH, SH, COOH, ...

グラフトポリマー　　くし形ポリマー　　星形ポリマー

図 4.2　リビング重合によって合成されるさまざまな形態のポリマー

特性を同時に発現できる大きな利点を有している．さらに互いに非相溶なセグメントから構成される**ブロック共重合体**の場合，ナノサイズで各ドメインが規則的な構造をとるミクロ相分離構造（▶ p.148）が形成される．その構造は，重合度，χパラメーター，セグメント比，温度に依存し，スフィア，シリンダー，共連続相（ジャイロイドなど），ラメラが代表的である．**末端官能基化ポリマー**は，ブロックやグラフト共重合体の前駆体としての用途に加え，最近では末端に導入されたわずか数個の官能基によって，ポリマーの物性（溶解性，表面特性）が大きな影響を受けることがわかってきた．分岐構造を有するポリマーは同一分子量の直鎖状ポリマーと比較した場合，多数のポリマー鎖末端の存在によるガラス転移温度（▶ p.41）の低下や溶解性の向上がみられる．また，分岐構造によって溶液中や溶融状態での広がりが大きく制限されるために，著しい粘度の低下や複雑な相分離構造の形成がみられる．環状構造を有するポリマーは鎖末端がないことや鎖の広がりが小さいことより分解挙動や溶液物性で興味深い性質を示す．このようなさまざまな特性より，図4.2に示した一連のポリマーは現在まで合成面のみならず物性面からも多くの研究がなされている．

最近ではリビング重合の著しい進歩によって，より複雑な多分岐構造を有するポリマーの合成が相次いで報告されている．図4.3に示すよう

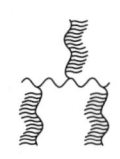

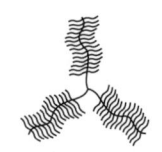

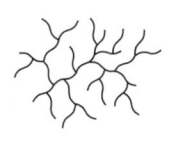

図 4.3 複雑な多分岐構造をもつポリマー

なグラフト共重合体や星形ポリマーをさまざまに組み合わせた多分岐構造のポリマー（グラフト・オン・グラフト，グラフト・オン・スター）や，ハイパーブランチポリマー，デンドリマー型星形ポリマーなどである．これらのポリマーがどのような物性を示すのかいまだ明らかにされてはいない．今後の発展に期待がもたれる．

参考文献

1) 鶴田禎二，"高分子機能材料シリーズ1 高分子の合成と反応 (1)"，高分子学会 編，共立出版 (1991)
2) 鶴田禎二，"高分子機能材料シリーズ2 高分子の合成と反応 (2)"，高分子学会 編，共立出版 (1992)
3) 井上祥平，"新高分子実験学2 高分子の合成・反応 (1) 付加系高分子の合成"，高分子学会 編，共立出版 (1995)
4) 井上祥平，"新高分子実験学3 高分子の合成・反応 (2) 縮合系高分子の合成"，高分子学会 編，共立出版 (1996)
5) H. L. Hsieh, R. P. Quirk, "Anionic Polymerization", D. E. Hudgin, ed., Marcel Dekker (1996)

4.2 ラジカル重合

> この節のキーワード：
> ラジカル重合，成長反応，再結合，不均化，停止反応，連鎖移動反応，かご効果，開始剤効率，開始反応，ゲル効果，定常状態

ラジカル重合は利用可能なモノマーの種類がアニオン重合（▶ p.101）やカチオン重合（▶ p.106）と比べて多いため，ビニル化合

物の重合ではもっとも利用されている．しかし高活性なラジカルを利用した重合法であるため精密な重合制御は困難とされてきた．現在ではリビング重合（⇒ p.116）のように重合が制御できるラジカル重合法が確立されているが，本節ではもっとも一般的に用いられている**ラジカル重合**（フリーラジカル重合）について述べる[1]．

4.2.1 ラジカル重合の素反応

ラジカル重合は図 4.4 に示すような七つの素反応により進行する．I，M，S はそれぞれ開始剤，ビニルモノマー，溶媒（連鎖移動剤）であり，P は生成ポリマー，I・，P・，S・ はそれぞれ一次ラジカル，成長ラジカル，溶媒ラジカル，k はそれぞれの素反応の速度定数である．

まず図 4.4(a)，(b) のように開始剤 I の開裂により二つの一次ラジカル I・ が生成し，モノマーへ付加して P・ラジカルを生成し重合が開始する．この生成した P・ラジカルは以下の三つの反応を起こす．一つは系内のモノマーに次々と付加反応を起こす**成長反応**（図 4.4(c)），二つ目は系内の他の P・ラジカルとカップリングし**再結合**または**不均化**を起こす**停止反応**（図 4.4(d)，(e)），三つ目は系内の溶媒などに連鎖移動（水素引き抜き反応）を起こし，重合を停止し新たな開始点を生成する**連鎖移動反応**（図 4.4(f)）である．この三つの反応のうち**停止反応**と**連鎖移動反応**はあるポリマー鎖の**成長反応**を止める反応であるので，**成長反応**とこれら二つの反応との比が重合度を決定づけることとなる．

$$
\begin{array}{llll}
[\text{開始}] & \text{I} \xrightarrow{k_\text{d}} 2\text{I}\cdot & & (\text{a}) \\
& \text{I}\cdot + \text{M} \xrightarrow{k_\text{i}} \text{IM}\cdot\,(=\text{P}\cdot) & & (\text{b}) \\
[\text{成長}] & \text{P}\cdot + \text{M} \xrightarrow{k_\text{p}} \text{P}\cdot & & (\text{c}) \\
[\text{停止}] & \text{P}\cdot + \text{P}\cdot \xrightarrow{k_{\text{t,c}}} \text{P}-\text{P} & & (\text{d}) \\
& \phantom{\text{P}\cdot + \text{P}\cdot} \xrightarrow{k_{\text{t,d}}} \text{P}(-\text{H}) + \text{P}(+\text{H}) & & (\text{e}) \\
[\text{連鎖移動}] & \text{P}\cdot + \text{S} \xrightarrow{k_\text{tr}} \text{P} + \text{S}\cdot & & (\text{f}) \\
[\text{再開始}] & \text{S}\cdot + \text{M} \xrightarrow{k_\text{i}} \text{SM}\cdot\,(=\text{P}\cdot) & & (\text{g}) \\
\end{array}
$$

図 4.4 ラジカル重合の素反応

まずはもう少しそれぞれの素反応について詳しくみてみよう．

4.2.2 開 始 反 応

開始反応としては一般によくアゾビスイソブチロニトリル（AIBN）が用いられ，図 4.5 に示すように熱により自己開裂反応を起こし，半減期 $\tau_{1/2}$ にしたがって 2 個のラジカルを生成する．

分解速度定数 k_d は Arrhenius 型の式にしたがい，式（4.1）のように示される．

$$k_d = A\exp(-E_a/RT) \tag{4.1}$$

A は頻度因子，E_a は活性化エネルギーであり，これらの値は文献[2]に報告されているので，さまざまな開始剤の k_d から半減期 $\tau_{1/2}$ を計算することができる．たとえば 60℃における AIBN の半減期は約 24 時間であり，3 日間の分解反応でやっと 87.5% 程度の AIBN が消費される．リビング重合では開始剤から一斉に重合開始反応が始まるのに対し，フリーラジカル重合では開始反応は同時には起こらないことが大きな違いである．

このようにして開裂してできた 2 個の一次ラジカルは，溶媒（またはモノマー）の中でそれぞれ拡散するが，ある一定の距離以上に離れない場合は再び結合する．これは 2 個の一次ラジカルが溶媒という「かご」の中から出ることができず結合をする様子と似ているので，**かご効果**とよばれる．このとき過酸化ベンゾイル（BPO）のような過酸化物では結合しても大半が元の過酸化物に戻るので開始剤の効率はほとんど減少しないが，AIBN のようなアゾ化合物では開裂時に窒素を生成するので，結合すると安定な化合物となり開始剤としての機能を失う．このた

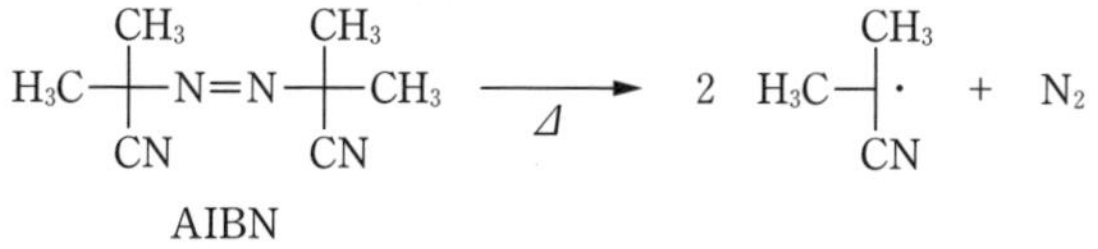

図 4.5 AIBN の熱による分解反応

め AIBN は BPO と比べて**開始剤効率**が低く一般的に 60％ 程度である．こうして溶媒のかごを抜け出した一次ラジカルはモノマーに付加して重合を開始する．このときの重合開始速度 R_{i} は，**開始剤効率** f を用いて

$$R_{\mathrm{i}} = 2k_{\mathrm{d}}f[\mathrm{I}] \tag{4.2}$$

と表される．

4.2.3 成 長 反 応

　成長反応は成長ラジカルのモノマーへの付加反応であるが，この反応速度はモノマーによって大きく異なる．**成長反応**の速度 R_{p} は成長反応速度定数 k_{p} を用いて，

$$R_{\mathrm{p}} = k_{\mathrm{p}}[\mathrm{P}\cdot][\mathrm{M}] \tag{4.3}$$

と示される．表 4.1 に示すようにメタクリル酸メチルはスチレンより k_{p} 値が大きく重合速度が速いが，酢酸ビニルよりは重合速度が遅い．この成長反応速度の違いは成長ラジカルの共鳴安定性に大きく影響している．ビニルモノマーの共役効果（➡ p.90）は一般に Q 値によって示され，スチレンの Q 値を 1.0 としたときの相対値で表されている．表 4.1 に示すようにスチレンからメタクリル酸メチル，酢酸ビニルと Q 値が下がるにつれて，成長反応速度定数 k_{p} が増大していることがわかる．つまりスチレンのような共役構造をもつモノマーはその成長末端ラジカルは安定であり，次のスチレンモノマーへの攻撃活性が低く結果として**成長反応**が遅くなる．一方，酢酸ビニルの成長末端ラジカルは安定な共役構造をもたないため常に活性で，次々とモノマーの付加反応が起こり**成長反応**が速くなる．

表 4.1　代表的なモノマーの k_{p}, k_{t}, c_{M}, Q, e

モノマー	k_{p}/L mol^{-1} s^{-1}	k_{t}/L mol^{-1} s^{-1}	c_{M}	Q	e
スチレン	176	7.2×10^{7}	6×10^{-5}	1.0	-0.8
メタクリル酸メチル	734	3.7×10^{7}	1×10^{-5}	0.74	0.40
アクリロニトリル	1 930	7.8×10^{8}	2.6×10^{-5}	0.60	1.20
酢酸ビニル	3 700	1.2×10^{8}	2.5×10^{-6}	0.026	-0.22

この共役安定性は生成後のポリマーの位置規則性にも影響する．一般にビニルモノマーは頭-尾結合（➡ p. 8）でポリマーを形成するが，酢酸ビニルなどの非共役型のモノマーでは微量の頭-頭結合や尾-尾結合を含むポリマーが得られる．

またビニルモノマーからなるほとんどのポリマーは，重合後の α 炭素は不斉炭素となるため，その立体規則性（➡ p. 9）を考慮する必要がある．かさ高い置換基を有するモノマーの**ラジカル重合**では立体障害によってシンジオタクティックトリアッド分率の高いポリマーが得られるが，かさ高い置換基のないモノマーでは一般的に立体的に制御されていないアタクティックなポリマーが得られる．しかし添加物としてモノマーと水素結合を形成するかさ高いアルコールや，多座配位結合を形成するような Lewis 酸を添加すると，**ラジカル重合**でもシンジオタクティックやアイソタクティックトリアッド分率の高いポリマーが生成する[3]．

4.2.4 停止反応

停止反応は系内のラジカルどうしのカップリング反応によって起こる．活性なラジカルどうしの反応は表 4.1 に示すように非常に速度が速く，成長反応速度定数 k_p が $10^2 \sim 10^3$ L mol^{-1}s^{-1} であるのに対し，停止反応速度定数 k_t は $10^7 \sim 10^8$ L mol^{-1}s^{-1} となっている．**停止反応**の速度 R_t は停止反応速度定数 k_t を用いて

$$R_t = k_t [\mathrm{P}\cdot]^2 \tag{4.4}$$

と示されるが，一般には活性ラジカル濃度は非常に低いため，R_t は R_p の 1/100〜1/1 000 である．

また**停止反応**はポリマー末端ラジカルどうしの反応のため系の粘度にも影響を受ける．たとえばメタクリル酸メチルを無溶媒で重合（バルク重合）を行った場合，重合初期は多量のモノマーが残存しているため，系の粘度はそれほど高くないが，重合後期になると，生成したポリマーのために系の粘度が増大する．このような粘度の高い状態でも開始剤の分解反応は自己開裂反応であるために影響なく進行し，**成長反応**もモノ

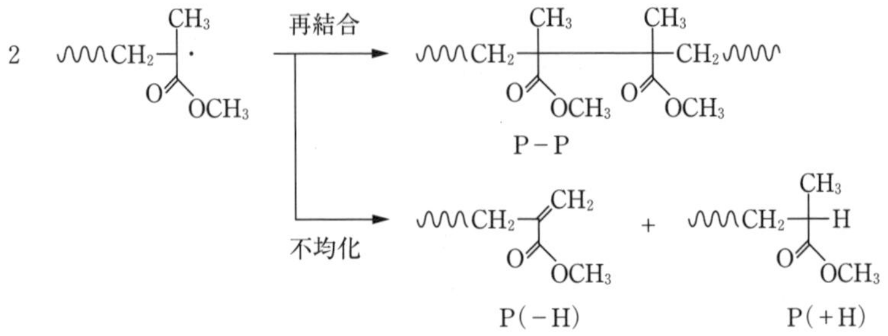

図 4.6 停止反応における再結合と不均化

マーが成長末端付近に存在すればほぼ同様に進行する．しかし**停止反応**は成長末端どうしの反応のため，二つのポリマー末端ラジカルどうしが衝突するだけ近づく必要があり，系の粘度は反応に非常に大きな影響を与える．重合後期で系の粘度が高くなると，**開始反応，成長反応**は変わらず，**停止反応**だけが遅くなり，結果として系内のラジカル濃度が高まりモノマーの消費速度も増加するという現象がみられる．このような効果は**ゲル効果**（Trommsdorff 効果）とよばれている．

停止反応を化学的にみると，図 4.6 に示すように二つの成長末端が衝突した際にラジカルどうしがカップリングした**再結合**と，一つの水素原子が他方へ移動した**不均化**反応とに分けられる．スチレンはほぼ100%**再結合**によって重合を停止するのに対し，メタクリル酸メチルでは60％程度が**再結合**で40％が**不均化**となっている．この**再結合**と**不均化**の起こりやすさの違いは，活性末端付近の立体障害と，**不均化**の際に必要な移動可能な水素原子の存在が重要である．たとえばメタクリル酸メチルの**停止反応**では，このモノマーが α, α' 二置換オレフィンであるために活性末端付近は立体障害が大きく，さらに α 位にメチル基を有し移動可能な水素原子が存在しているために**不均化**反応が起こると考えられている．

4.2.5 連鎖移動反応

ラジカルという活性種は非常に活性が高いため，モノマーのビニル基

への付加反応やラジカルどうしの二分子停止反応以外に，モノマーや溶媒，開始剤や生成した高分子鎖から水素原子を引き抜くという**連鎖移動反応**を起こす．水素原子を引き抜くとそれまでの重合は停止するが，引き抜かれた分子に活性ラジカルが新たに生成するので，そこからまた重合が開始することになる（図4.4(g)）．この連鎖移動速度は，活性ラジカルと連鎖移動剤Sとの反応なので，連鎖移動定数 k_{tr} を用いて，

$$R_{tr} = k_{tr}[P\cdot][S] \tag{4.5}$$

と示される．実際は連鎖移動する対象がモノマー，溶媒，開始剤，ポリマーと存在するので，式（4.5）はそれぞれに対して存在する．たとえばモノマーに対する連鎖移動では，

$$R_{trM} = k_{trM}[P\cdot][M] \tag{4.6}$$

となる．この**連鎖移動反応**によって系内のラジカル濃度は変化しないが，生成したポリマーの分子量に影響を与える．生成するポリマーの分子量は，重合が二分子停止反応によって停止するか，連鎖移動によって一つの重合が停止するかどちらかの間にどれだけ**成長反応**が起きたかによって決まる．つまり成長反応速度と連鎖移動速度の比が重要なので，それぞれの反応速度定数の比 c_x を，

$$c_x = \frac{k_{trx}}{k_p} \tag{4.7}$$

と定義する．ただしxはモノマー，溶媒，開始剤，ポリマーを示す．表4.1にそれぞれのモノマーの c_M を示すが，連鎖移動速度は成長反応速度の 10^{-5} 倍程度であり，ほとんど影響を与えないことを示している．しかし溶媒や添加物として連鎖移動を行いやすい物質，たとえば四臭化炭素やチオール基を有する物質などでは c_S が1以上の値を示すものもあり，これらを有効に添加することにより意図的に分子量を低下することができる．さらにチオールと他の官能基を有する二官能性の添加剤を加えることによって末端に官能基を有するポリマーの合成も可能である．

4.2.6 ラジカル重合の理論分子量

ラジカル重合で得られるポリマーの分子量は上記の式を組み合わせることで算出が可能である．得られるポリマーの重合度は成長反応速度と，停止反応速度と連鎖移動速度の和との比であるので式（4.3）〜（4.5）から，

$$P_n = \frac{R_p}{R_t + R_{tr}} = \frac{k_p[P\cdot][M]}{k_t[P\cdot]^2 + k_{trM}[P\cdot][M] + k_{trs}[P\cdot][S]} \quad (4.8)$$

となる（ここでは連鎖移動はモノマーと溶媒だけを考える）．

式（4.8）の逆数をそれぞれとると，

$$\frac{1}{P_n} = \frac{k_t[P\cdot]^2 + k_{trM}[P\cdot][M] + k_{trs}[P\cdot][S]}{k_p[P\cdot][M]} = \frac{1}{P_{n0}} + c_M + c_S \frac{[S]}{[M]} \quad (4.9)$$

となる．ここで，P_{n0} は連鎖移動が存在しないときの重合度で，$P_{n0} = R_p/R_t$ である．P_{n0} を算出する際，系内のラジカル濃度 $[P\cdot]$ の値が必要であるが，この値は電子スピン共鳴（ESR）から直接決定できる．しかしESR測定が不可能な場合は系内のラジカル濃度が不変の**定常状態**を仮定することにより計算できる．つまりラジカル濃度が不変の**定常状態**とは開始速度と停止速度が等しい場合であり，つまり $R_i = R_t$ の関係から式（4.2），（4.4）より，

$$[P\cdot] = \left(\frac{2k_df}{k_t}\right)^{0.5} [I]^{0.5} \quad (4.10)$$

と $[P\cdot]$ が求まり，よって P_{n0} は，

$$P_{n0} = \frac{R_p}{R_t} = \left(\frac{k_p^2}{2k_dk_tf}\right)^{0.5} \frac{[M]}{[I]^{0.5}} \quad (4.11)$$

と求められる．つまり溶媒などの存在しないバルク重合では，$[M]/[I]^{0.5}$ の比で重合度が決まることがわかる．

参考文献

1) 大津隆行，"改訂 高分子合成の化学"，第3章，第4章，化学同人（1968）

2) J. Brandrup, E. H. Immergut, E. A. Grulke, eds., "Polymer Handbook, 4th ed.", Chap II, Wiley, New York (1999)
3) 上垣外正己，佐藤浩太郎，高分子 **55**(4), 250 (2006)

4.3 アニオン重合

この節のキーワード：
アニオン重合

4.3.1 アニオン重合の特徴

1956年，Szwarcによってスチレンのリビングアニオン重合が発見されて以来，**アニオン重合**は高分子の精密合成法の主役として発展を遂げてきている．その第一の特徴は，適用可能なモノマー類が多岐にわたり，多彩な構造のポリマー合成が可能なことである．すなわち，スチレン誘導体や1,3-ジエン類，メタクリル酸エステルなどの共役系ビニルモノマーに加え，ラクトン，ラクタム，ラクチド，環状エーテルといった環状化合物までもが含まれる．第二の特徴は，それらのモノマーの多くがリビング重合（▶ p.116）可能である点である．このため，分子量の規制されたホモポリマーのみならず，組成や分岐構造までもが制御されたブロック共重合体（▶ p.12），末端官能基化ポリマー（▶ p.91），種々の分岐ポリマーが合成されている．第三の特徴は，対カチオンや重合条件を適切に選択することで，生成ポリマーの立体規則性（▶ p.9）が制御可能なことである．とくに，1,3-ジエン類のミクロ構造制御はゴムとしての性質に大きく関わっているため重要である．実際，学術研究のみならず，**アニオン重合**にはゴム工業とともに発展してきた歴史的な背景がある．すでに1910年には金属ナトリウムによるポリイソプレンの合成が報告されており，1930年代初頭にはポリブタジエンラバー（BR）やスチレン-ブタジエンラバー（SBR），そして1960年代には代表的な熱可塑性エラストマーであるスチレンとブタジエンの

ブロック共重合体（SBS）が工業レベルで生産されている．

4.3.2 アニオン重合の開始剤

アニオン重合の開始剤にはさまざまな塩基を用いることができる．中でも空のπ軌道に電子を2個有するカルバニオン種がよく使われており，有機リチウム試薬，アニオンラジカル錯体である金属ナフタレン，アルカリ金属，Grignard試薬が高反応性の開始剤として代表的な例である．また，カルバニオンに比べ反応性は低いが，アルコキシド，エノラート，水酸化物イオンも開始剤として用いることができる．さらに，ピリジン，アミン，アルコールや水も，条件によってはアニオン開始剤として働く．ただし，これらの開始剤は塩基性や求核性に大きな違いがあるため，次に述べるように，モノマーの反応性に応じた使い分けが重要である．

4.3.3 アニオン重合性モノマー

代表的なアニオン重合性モノマーであるビニル化合物はエチレンの誘導体であり，そのα置換体やα, α'二置換体の重合は容易に進行するが，α, β二置換体や三置換体，四置換体の重合はきわめて困難である．一般にα置換基として，ベンゼン環，炭素-炭素二重結合，電子求引性のカルボニル基が導入されており，それぞれスチレン誘導体，1,3-ジエン類，メタクリル酸エステル類に対応する．Q-e値（▶ p.90）では，Q値が0.2以上の共役モノマー群に属しており，ビニル基の電子密度が低下し，高いe値を示すモノマーほど反応性が高い．開始剤の塩基性（求核性）と，モノマーの反応性（e値）に着目し，表4.2に示す四つのグループ分けが提唱されている．e値がもっとも低く，反応性のもっとも低いM-aにはスチレン誘導体と1,3-ジエン類が属し，これらのモノマーの重合開始には，塩基性のもっとも高いI-aグループに属するアルカリ金属や有機リチウム試薬を用いなければならない．逆に，もっとも反応性の高いM-dに属するα-シアノアクリル酸エステルの重合

表 4.2 アニオン開始剤とモノマーの分類

開始剤		モノマー	
I-a 高い 塩基性	Li, Na, K RLi [ナフタレン]⁻ M⁺	M-a 低反応性 モノマー (低 e 値)	$CH_2=C(CH_3)(C_6H_5)$ $CH_2=CH(C_6H_5)$ $CH_2=CH-CH=CH_2$ $CH_2=C(CH_3)-CH=CH_2$
I-b	RMgX R_2Mg *tert*-BuOK	M-b	$CH_2=C(CH_3)-C(=O)-OCH_3$ $CH_2=CH-C(=O)-OCH_3$
I-c	RONa/ROH NaOH	M-c	$CH_2=CH-C(=O)-CH_3$ $CH_2=CH-CN$
I-d 低い 塩基性	ピリジン ROH H_2O	M-d 高反応性 モノマー (高 e 値)	$CH_2=C(CN)-C(=O)-OCH_3$ $CH_2=C(CN)_2$

には，もっとも反応性の低いI-dのアルコールや水を用いることができる．なお，I-aの開始剤は反応性が高いことから，すべてのモノマーの重合開始に適用できるように思われるが，M-b, c, dに属するモノマーは分子内に高反応性のカルボニル基やシアノ基を有するため，開始剤はビニル基よりもこれらの極性基と優先的に反応してしまい，ポリマーは得られないので注意が必要である．

一方，モノマーの反応性の序列と活性末端アニオンの反応性の序列が完全に逆転した関係になることに注意しなければならない．前述のとおり，α 置換基の電子求引効果が高いとビニル基の電荷密度は低下し，モノマーの反応性（開始剤との求電子反応性）は向上する．しかし同じ理由で，生成した末端アニオンの電荷密度は低下しているため，その反応性は低下している．すなわち，M-dの高反応性モノマーから生じる成

長末端アニオンがもっとも低活性であり，M-aの低反応性モノマーから生成するアニオンの活性がもっとも高い．これは，ブロック共重合体を合成する場合に，モノマーの添加順序が重要であることを示している．たとえば，M-aに属するα-メチルスチレンの成長鎖末端アニオンは高反応性であるから，M-bのメタクリル酸エステルの重合を開始することができる．しかし，メタクリル酸エステルから生じる成長鎖末端アニオンは低反応性であるため，低反応性モノマーであるα-メチルスチレンの重合を開始することはまったくできない．

4.3.4 アニオン重合の溶媒，重合温度

アニオン重合における溶媒の選択は重要である．ベンゼン，トルエン，シクロヘキサン，ヘプタンなどの炭化水素系溶媒を用いると，成長末端アニオンは会合体を形成しているため，重合速度は遅い．たとえば，ベンゼン中でスチレンの重合を行う場合，35℃で数時間（分子量や濃度に依存する）反応させる必要がある．同様にヘプタン中でイソプレンの重合を行う場合も40℃で数時間を要する．反応速度の短縮を目的として，重合温度の上昇やLewis塩基の添加が行われる場合もあるが，副反応の可能性や，とくにジエン類の場合は生成ポリマーのミクロ構造が変化することを考慮しなければならない．

一方，極性溶媒であるTHF中では，成長末端アニオンは解離し反応性が高いため，濃度を低くし（約$1\,\mathrm{mol\,L^{-1}}$），低温（$-78\sim-60$℃）で重合を行わなければならない．この条件でも，1万程度のスチレンの重合は数秒～数十秒で完結する．また興味深いことに，同条件下におけるイソプレンの重合は，対カチオンがカリウムの開始剤を用いる必要がある．対カチオンがリチウムではポリマーは生成しないので注意が必要である．メタクリル酸メチル（MMA）の重合は，開始剤に1,1-ジフェニルアルキルアニオンを用い，塩化リチウムを開始剤の3～5倍添加して行うとよい．

4.3.5 アニオン重合による生成ポリマーの立体規則性制御

成長末端アニオンの近傍には，常に対カチオンが存在するため，その種類，溶媒や温度によって成長末端アニオンの構造や会合数が影響を受け，次に導入されるモノマーの挿入方向が立体的な制限を受け，生成ポリマーの立体規則性が変化する場合がある．たとえばイソプレンの場合，生成ポリマーのミクロ構造は 1,2-，3,4-，シス 1,4-，トランス 1,4- の 4 種類が存在する．興味深いことに，炭化水素中で対カチオンリチウムの開始剤を用いてイソプレンを重合すると，天然ゴムの立体構造に近い，シス 1,4- 構造が 95% 以上のポリイソプレンが生成する．また，MMA の**アニオン重合**においても立体規則性の高いポリマーが得られる．$tert$-BuMgBr を開始剤としトルエン中で MMA の重合を行うと，アイソタクティックトリアッド（▶ p. 11）97% のポリマーが生成する．一方，$tert$-BuLi/AlBu$_3$ を開始剤に用いると立体規則性は大きく変化し，シンジオタクティックトリアッド（▶ p. 11）が 92% のポリマーが得られる．さらに，$tert$-BuLi/ビス(2,6-ジ-$tert$-ブチルフェノキシ)メチルアルミニウムを用いると，ヘテロタクティックトリアッド（▶ p. 11）68% のポリマーが得られ，開始剤を変えることで立体規則性を自在にコントロールすることができる点も他の重合系にはない**アニオン重合**の特徴である．

参考文献

1) 鶴田禎二，"高分子機能材料シリーズ 1 高分子の合成と反応 (1)"，高分子学会 編，pp. 177-313，共立出版 (1992)
2) 井上祥平，"新高分子実験学 2 高分子の合成・反応 (1) 付加系高分子の合成"，高分子学会 編，pp. 135-236，共立出版 (1995)
3) H. L. Hsieh, R. P. Quirk, "Anionic Polymerization", D. E. Hudgin, ed., Marcel Dekker (1996)
4) 小谷正博，"第 5 版 実験化学講座 26 高分子化学"，日本化学会 編，pp. 61-91，丸善 (2005)

4.4 カチオン重合

> この節のキーワード：
> カチオン重合，カルボカチオン

　カチオン重合はアニオン重合（⇒ p. 101）と同じく，古くから研究が行われてきた重合法の一つである．**カチオン重合**も多くのモノマーが適用でき，スチレン誘導体やビニルエーテル誘導体などのビニル化合物をはじめ，エチレンオキシドやテトラヒドロフランのような環状エーテルも**カチオン重合**が可能である．環状モノマーのカチオン開環重合については，次節で述べることとし，本項ではとくにビニルモノマーの**カチオン重合**について説明する．ビニルモノマーの**カチオン重合**においては，活性末端の**カルボカチオン**の反応性が高いため，β 位のプロトン引き抜きやプロトン移動による転位反応が起こりやすく，生成ポリマーの分子量や構造の制御は難しい．そのため，**カチオン重合**の工業レベルでの利用はアニオン重合ほど幅広くなく，限定されたものであった．しかし，東村らの研究により**カチオン重合**のリビング重合（⇒ p. 116）が発見され，精密重合が可能となった．

4.4.1 開始剤

　カチオン重合の開始剤には多くの種類があり，一般的には硫酸，過塩素酸，トリフルオロメタンスルホン酸などのプロトン酸や，塩化アルミニウム，三フッ化ホウ素，塩化チタンをはじめとする Lewis 酸が用いられる．ただし，Lewis 酸を用いる場合，水，アルコール，ハロゲン化アルキルなどの共触媒を適量加える必要がある．これらの共触媒の添加により，水やアルコールからはプロトンが，ハロゲン化アルキルからは対応する**カルボカチオン**が生成し，重合の開始に寄与する．また反応性の高いモノマーに対しては，ヨウ素や塩素などの弱い Lewis 酸も開始

剤として利用できる．このように，**カチオン重合**の開始剤もアニオン重合開始剤と同様，モノマー反応性によって使い分ける必要がある．高分子量のポリマーを得るには，対アニオンの付加反応による停止を抑制するため，求核性が低く安定な対アニオンをもつ開始剤の選択が重要となる．

トリフェニルスルホニウム化合物やジフェニルヨードニウム化合物のように，光や電子線の照射により分解し，酸を発生する光酸発生剤も**カチオン重合**の開始剤に用いることができ，レジストや光硬化性接着剤にも応用されている．

4.4.2 モノマー

ビニルモノマーの**カチオン重合**は，成長末端である**カルボカチオン**からモノマーへの求電子付加を繰り返すことによって進行する．そのためビニル基の電子密度が高いモノマーが，**カチオン重合**に適したモノマーであるといえる．つまり，原則として置換基の電子供与性が高いほど，モノマー反応性が高い．この**カチオン重合**のモノマー反応性は，アニオン重合の場合と同様に Q-e 値（📖▶ p. 90）により比較することができる．**カチオン重合**では，ビニル基の電子密度を表す e 値の効果が大きく，e 値が -0.3 以下のモノマーは**カチオン重合**が可能である．そして多くの場合，同系列のモノマーではその値が小さいほど，すなわちビニル基の電子密度が高いほどカチオン重合性が高くなる．たとえばスチレン誘導体では，パラ位に電子供与基であるメチル基をもつ p-メチルスチレン（$e=-0.98$）のほうが，スチレン（$e=-0.80$）より反応性が高い．逆に電子求引基をもった p-クロロスチレン（$e=-0.33$）は，スチレンよりも反応性が低い．アニオン重合では，重合可能なモノマーの多くは，α 置換基の共役効果を表す Q 値が 0.2 以上の共役モノマーであったが，**カチオン重合**の反応性は Q 値にはあまり影響されず，ビニルエーテル類など Q 値が 0.2 よりも小さい非共役モノマーも重合する．またビニルモノマーの**カチオン重合**の特徴として，エチレンの α 置換

表 4.3 スチレン誘導体のカチオン重合性

モノマー	CH₂=CH–C₆H₄–CH₃ *p*-メチルスチレン	CH₂=CH–C₆H₅ スチレン	CH₂=CH–C₆H₄–Cl *p*-クロロスチレン
置換基	電子供与性	—	電子求引性
e 値	-0.98	-0.80	-0.33
カチオン重合性	高い	—	低い

体や α, α' 二置換体だけでなく，一般的にはラジカル重合（▶ p.93）性やアニオン重合性の低い α, β 二置換体も重合可能である．

4.4.3 ポリマー成長速度と生成ポリマーの構造

カチオン重合では，成長末端近傍に対アニオンが存在している．このイオン対の状態と会合状態は，溶媒の極性や温度などの外部環境に影響を受ける．そのため，ポリマーの成長速度や生成ポリマーの立体構造は，開始剤，溶媒，反応温度によって変化する．ポリマーの成長速度がモノマーの極性に影響を受けることは上で述べたが，溶媒の極性すなわち溶媒の誘電率にも影響を受ける．たとえばスチレンの**カチオン重合**において，開始剤に過塩素酸を用いた場合，極性溶媒である 1,2-ジクロロエタン中での重合は，非極性溶媒である四塩化炭素中での重合に比べて1万倍以上速い．一般に**カチオン重合**では，溶媒の極性が大きくなるにしたがって成長速度が速くなる．

　カチオン重合では生成ポリマーの立体構造も溶媒や反応温度に影響を受ける．たとえばビニルエーテル類の重合を非極性溶媒中で行うと，アイソタクティック構造の多いポリマーが得られるが，溶媒の極性が高くなるとアイソタクティック構造は減少し，シンジオタクティック構造が増加する．このような立体構造の変化は重合温度の違いによってもみられる．非極性溶媒中でのビニルエーテル類の重合では，重合温度が低い

ほどアイソタクティック構造が多くなる．

　また，**カチオン重合**では成長末端の**カルボカチオン**が不安定なため，転位をともなって重合が進行する場合がある点に注意しなければならない．塩化アルミニウムを開始剤として用いた3-メチル-1-ブテンの重合を，-100℃以上の比較的高温で行うと，1,2-構造のポリマーが得られるのに対して，-130℃の低温で重合を行うと，1,3-構造をもったポリマーが得られる．これは低温では成長末端の**カルボカチオン**の反応性が低く，比較的長時間存在するため，プロトンが移動し，成長末端がより安定な第三級カルボカチオンへと転位しながら重合が進行したためである．それに対して高温で重合を行った場合，転位よりも速く次のモノマーと反応するため，転位をともなわない1,2-構造のポリマーが生成する．**カチオン重合**では，**カルボカチオン**の反応性の高さから，プロトンだけでなくハロゲンやメチル基などの移動による転位もみられる．

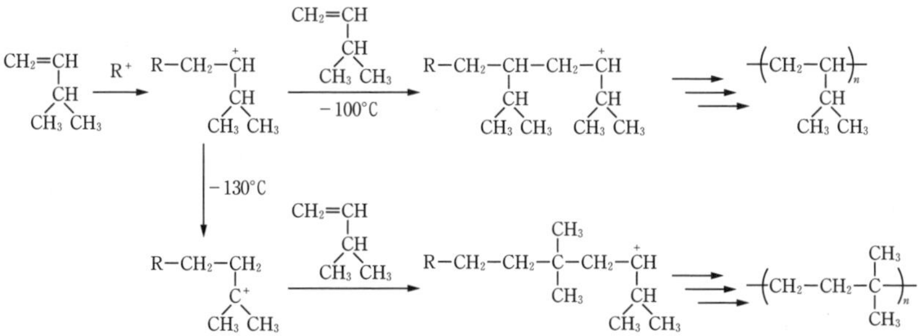

図 4.7 3-メチル-1-ブテンのカチオン重合におけるプロトン移動による転位反応

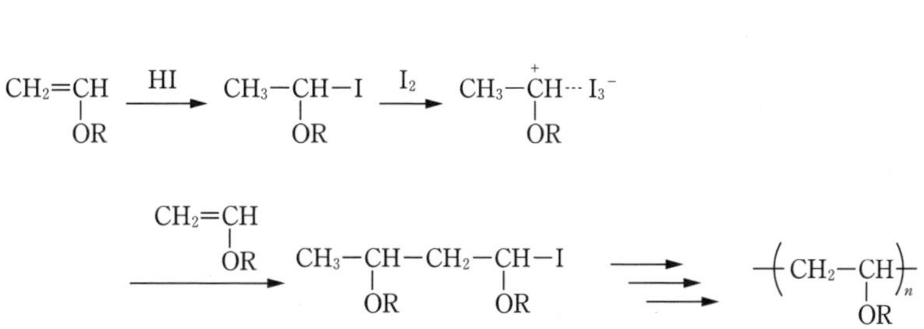

図 4.8 ビニルエーテルのリビングカチオン重合

4.4.4 カチオン重合のリビング性

　一般的な**カチオン重合**は，活性種である**カルボカチオン**が不安定なため，多くの転位反応や連鎖移動反応（→ p. 94）をともなうことが多く，リビング重合は難しい．しかし適当な開始剤とモノマーを選択すると，重合がリビングに進行する．たとえば，ビニルエーテル類の**カチオン重合**に，ヨウ化水素（HI）とヨウ素（I_2）を開始剤に用いると，重合がリビングに進行する[2]．この系では，まず HI がビニルエーテルに付加し，生成したヨウ化アルキルと I_2 との間で比較的安定な I_3^- イオンを形成する．つづいてカチオン種とモノマーが反応し，すぐ成長末端に安定なヨウ化アルキルが形成される．そしてこのヨウ化アルキルが再度 I_2 と反応することで重合が進行する．また，ハロゲン化金属を用いたビニルエーテル類の**カチオン重合**に，弱い Lewis 塩基を加えた場合も，生長種が安定化され，重合がリビングに進行する．この Lewis 酸と Lewis 塩基の相互作用をコントロールすることで，重合が著しく加速され，わずか数秒で重合が終了する超高速リビング**カチオン重合**も開発されている．

　ビニルエーテル類以外では，スチレンやイソブテンなどのいくつかのモノマーでも，開始剤の選択によりリビングカチオン重合が進行する．

参考文献
1) 東村敏延，"講座重合反応論 3 カチオン重合"，化学同人（1971）
2) 高分子学会 編，"新高分子実験学 2 高分子の合成・反応（1）付加系高分子の合成"，共立出版（1995）

4.5 開環重合

> この節のキーワード：
> 開環重合，環ひずみ，バックバイティング

　環状アミドである ε-カプロラクタムは，水の存在下で250～270℃に加熱すると重合し，高分子量ポリアミドであるナイロン6を生成する．また，3員環のエチレンオキシドに酸または塩基を加えると開環し，ポリエチレンオキシドが得られる．これは，環状モノマーのもつひずみエネルギーの解放を駆動力として連鎖的に**開環重合**が進行するためである．この**環ひずみ**は，3員環や4員環などの小さな環では結合角ひずみが支配的で，5員環では隣接炭素原子上の水素原子の重なりによる**環ひずみ**が，また7員環より大きくなると，環のねじれによる水素原子の重なりによる**環ひずみ**が支配的である．6員環では**環ひずみ**が小さくなり，重合しないものも多い．オレフィン以外の**開環重合**で得られるポリマーは，主鎖の結合様式がモノマーに応じたエーテル結合・エステル結合・アミド結合などであり，主鎖にヘテロ原子を含むことが大きな特徴である．

　一般的に環状モノマーの開環により重合が進行する重合を総称して**開環重合**とよぶが，重合様式の違いにより，アニオン開環重合，カチオン開環重合，配位開環重合，ラジカル開環重合，開環メタセシス重合（ROMP）などに分類される．

4.5.1 アニオン開環重合

　アニオン開環重合の開始剤には，一般的にアニオン重合（🔖▶p.101）にも用いられるナフタレンの金属錯体やアルカリ金属，またそのアルコキシドなどの強塩基が利用できる．モノマーにはラクチド，ラクタム類，ラクトン類や3員環エーテル，環状トリシロキサンなどが用

いられる（図 4.9）．4員環以上の環状エーテルはアニオン開環重合は進行しない．重合は，開始剤からモノマーへの求核攻撃による開環反応によって開始され，生成するヘテロ原子のアニオンからモノマーへの求核攻撃を繰り返すことで進行する．ラクタムの**開環重合**では，モノマー中のアミドプロトンが塩基によって引き抜かれ，活性化モノマーとよばれるラクタムアニオンが生成し，それがカルボニル炭素を求核攻撃することで重合が進行する．このため，アミド窒素に置換基を導入したラクタムはアニオン開環重合に用いることはできない．α-アミノ酸-N-カルボン酸無水物（NCA）の**開環重合**も，アニオン開環重合に分類される．NCAは塩基により開環して不安定なカルバミン酸を生じ，続く脱炭酸によって生成するアミンが，次のモノマーを開環する求核剤として働く．これを繰り返すことでポリペプチドが得られる．

アニオン開環重合は成長末端が塩基であるため，求核攻撃だけでなく，プロトン引き抜きなどの副反応もともなう点に注意しなければならない．たとえば3員環エーテルであるエチレンオキシドは金属アルコキシドによりリビング重合（▶ p.116）が可能であるが，プロピレンオキシドのアニオン開環重合ではα-位のメチルプロトンの引き抜きによる連鎖移動が起こるため，高分子量のポリマーは生成しない．なお，高分子量のプロピレンオキシドは，後述する遷移金属触媒を用いた配位開環重合によって合成できる．アニオン開環重合により生成するポリマーは，モノマーと同じ結合様式部位を有するため，他の成長末端からの求核攻撃による切断や，自分自身の成長末端からの攻撃（**バックバイティング**）による環状ポリマーの生成（図 4.10）といった副反応も起こることに注意が必要である．

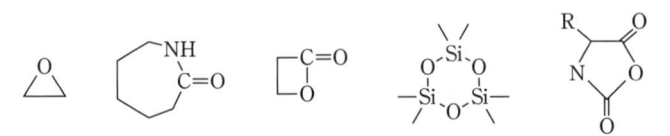

図 4.9 アニオン開環重合可能なモノマーの例

図 4.10 バックバイティング反応

4.5.2 カチオン開環重合

　カチオン開環重合の開始剤には，カチオン重合（▶ p.106）と同様にプロトン酸や Lewis 酸，超強酸エステル，オキソニウム塩などがよく用いられる．エチレンイミンやテトラヒドロフランなど，非共有電子対をもつ窒素や酸素原子を含む環状化合物が，カチオン開環重合しやすい（図 4.11）．環状エーテルのカチオン開環重合は，一般的にモノマーがポリマー末端のオキソニウムイオンへの求核攻撃を繰り返すことで進行する．そのため，酸素原子二つに挟まれたメチレン基をもつ環状アセタールは，環状エーテルに比べて反応性が高い．超強酸エステルを開始剤に用いた場合，活性種はオキソニウムイオンとエステル種との平衡になっている．対アニオンの求核性が低いほど，また溶媒の極性が高いほどオキソニウムイオンの割合が高く，**環ひずみ**の大きなモノマーほどエステル種の割合が高い．

　カチオン開環重合における副反応は，主に分子内で起こる**バックバイティング**があげられる．たとえば，エチレンオキシドのカチオン開環重合では，重合温度が高いと環状オリゴマーが生成しやすい．テトラヒドロフランの**開環重合**では，**バックバイティング**による副生成物が，熱力学的に不安定な大環状オリゴマーとなるため，副反応が起こりにくく，室温程度でも重合はリビング重合が可能である．窒素原子上に活性プロトンのあるエチレンイミンのカチオン開環重合では，プロトン移動や鎖

図 4.11 カチオン開環重合可能なモノマーの例

の組み替えが起こり，枝分かれ構造をもったポリマーが得られる．

4.5.3 開環メタセシス重合（ROMP）

プロピレンオキシドの**開環重合**は，配位重合触媒を用いるため，配位開環重合とよばれるが，メタセシス反応を利用した配位開環重合も活発に研究が進められている．メタセシス反応とは，遷移金属触媒を用いて2種類のオレフィン間のC＝C結合を組み替え，新たなオレフィンを生成する反応である．この反応はカルベン錯体を経由して進行し，非環状オレフィンのメタセシス反応では，組み替えにより新たな低分子オレフィンが生成するのに対して，環状オレフィンに用いた場合，開環・組み替えによって生成したカルベン錯体が連続的に環状オレフィンと反応し，高分子量体を与える．このようにメタセシス反応により開環反応が進行し，ポリマーが得られる反応を開環メタセシス重合（ROMP）とよぶ．非環状ジエンもメタセシス反応により重合し高分子量体を生成するが，この場合は，ROMPに対してADMET（Acyclic Diene METathesis）重合とよぶ．メタセシス反応を用いると，主鎖に環状構造をもつ高分子など，他の重合法での合成が難しいポリマーの合成が容易に行えることから，注目を集めている．

ROMPに用いられる遷移金属触媒（メタセシス触媒）は，主にTi，W，Moなどのハロゲン化物や，それらのカルベン錯体が用いられる．とくに近年活発に開発が進められているGrubbs触媒に代表されるRuカルベン錯体は，高活性で安定性が高く，穏和な条件でメタセシス反応を進行させることができるため，汎用性が高い（図4.12）．ROMPに用いられる環状モノマーは，シクロブテンなどのシクロアルケン類や，ノルボルネンなどの双環アルケン類などが一般的であり，とくにひずみエネルギーの大きなノルボルネン類はROMPに適したモノマーである（図4.13）．一般的な触媒を用いたROMPは開始反応がそれほど速くないため，分子量分布の広いポリマーが得られるが，ピリジン配位子をもったきわめて高活性な触媒を用いると，重合が迅速に開始し，リビング

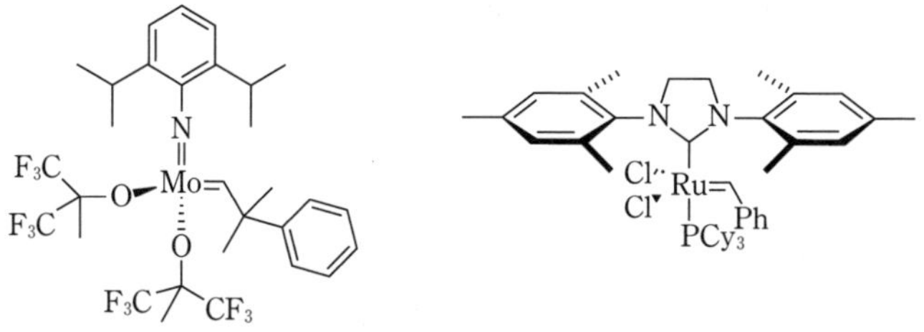

Schrock 触媒   Grubbs 触媒（第二世代）

図 4.12 メタセシス触媒

図 4.13 開環メタセシス重合可能なモノマーの例

に進行することが報告されている．

　メタセシス反応では，エステルやエーテルなどの置換基の存在下でも，オレフィン部のみを選択的に反応させることができるため，高分子の機能化にも有用である．ROMP で得られるポリマーは，繰り返し単位に二重結合が存在するため，副反応として分子内および分子間での連鎖移動が起こり，分子量の低下を引き起こすことがある．

4.5.4　その他の開環重合

　上記の重合法以外にも，重合様式の違いによりさまざまな**開環重合**が知られている．高分子量のプロピレンオキシドは，トリエチルアルミニウム–水–アセチルアセトンなどの触媒を用いた**開環重合**によって合成する．この重合系の成長末端はアニオンではなく，モノマーがアルミニウムに配位することにより活性化され，成長末端酸素原子からの攻撃により開環反応が進行することから，配位開環重合に分類される．環状ラクトン類も触媒を用いて配位開環重合を行うことができる．配位開環重合では，重合触媒の選択により，<u>立体規則性</u>（▶ p.9）の制御が可能な場合もある．また，環状ケテンアセタールはラジカルの存在下で開環異性化重合し，対応するポリエステルが得られる．この場合，活性種はラ

ジカルであることから，ラジカル開環重合とよばれる．

参考文献
1) 三枝武夫，"講座重合反応論 6 開環重合（I）"，化学同人（1971）
2) 三枝武夫，"講座重合反応論 7 開環重合（II）"，化学同人（1973）

4.6 リビング重合

> この節のキーワード：
> リビング重合

　1956年 Szwarc は，ナトリウムナフタレン錯体を用いたスチレンのアニオン重合（📖▶ p. 101）において反応系の濃赤色が長時間存在していることから，重合活性種であるスチリルアニオンが「生きている（リビング）」とし，この重合系を**リビング重合**と命名した．**リビング重合**は，その素反応が開始反応と成長反応のみで成り立ち，停止反応や移動反応がない理想的な重合系である．したがって，モノマーと開始剤のモル比に応じて分子量の制御が可能であること，多くの場合において分子量分布の狭いポリマーが得られることが特徴である．さらに，活性種が「生きている」ことを利用し，ブロック共重合体（📖▶ p. 12）や末端官能基化ポリマー（📖▶ p. 91）のみならず，星形ポリマーに代表されるさまざまな分岐高分子を精密に合成できる優れた高分子合成法である．アニオン重合に始まった**リビング重合**の発展は現在でも精力的に行われており，カチオン重合（📖▶ p. 106），ラジカル重合（📖▶ p. 93），ノーベル賞が授与された開環メタセシス重合など，さまざまな重合系へと展開されている．

4.6.1　リビング重合の概念：重合活性種の制御

　スチレンや 1,3-ジエン類のリビングアニオン重合において重合活性

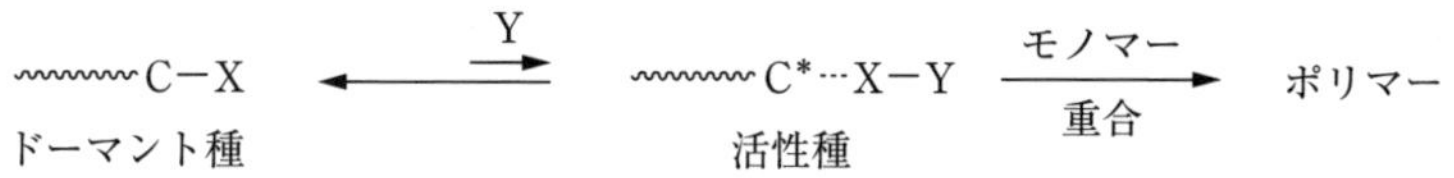

4.6 リビング重合

~~~C—X ⇌(Y) ~~~C*···X—Y →(モノマー 重合) ポリマー
ドーマント種   活性種

図 4.14 ドーマント種による重合制御の概念図

種であるカルバニオンは，非常に高い反応性を有しているにもかかわらず，条件を選ぶことで長期間安定に存在することができる．実際，生成ポリマーの分子量は数千から数十万の広範囲で制御可能であり，分子量分布（→ p.6）はきわめて狭い．この重合系の特徴は，長寿命活性種であるカルバニオンの化学に基づく分子設計や重合条件（溶媒，温度，時間）の設定が行われていることである．

一方，ラジカル重合における活性種は中性のフリーラジカルであるため，長寿命活性種を得ることはきわめて困難である．そこで，高反応性の活性種と安定なドーマント種（休止種）との平衡を利用することで成長末端の安定化を図り重合挙動を制御する手法が開発されている．図4.14に示すように，低反応性のドーマント種はモノマーと反応せず，成長反応には直接関与しない．また副反応も引き起こさず，重合中は安定に休止している．この平衡がドーマント種に偏っていれば，重合系は安定な状態にあると考えられる．そして触媒や熱によって活性種側に平衡が傾いたときにのみ，活性種とモノマーとの成長反応が進行するが，この平衡はすぐさまドーマント種側へ移動するため，重合中の活性種濃度はきわめて低く保たれており副反応が抑えられる．さらに活性種とドーマント種の平衡速度が成長反応よりも十分に速い場合，みかけの成長反応が均一に進行することとなり，分子量や分子量分布が制御されたポリマーが得られる．これまでに，ニトロキシドを用いたラジカル重合（NMP），原子移動ラジカル重合（ATRP），可逆的付加-開裂連鎖移動重合（RAFT）が相次いで報告されている．

4.6.2 リビング重合の証明

リビング重合の素反応は開始反応と成長反応のみからなり，停止反応

や移動反応をともなわない．したがって，生成ポリマーの数平均分子量（M_n）は式 (4.12) に示すように，モノマーと開始剤のモル比（重合度に相当する）に比例する．

$$M_n = \frac{[M]_0}{[I]_0} \times \text{Conv.} \times FW \qquad (4.12)$$

ここで，$[M]_0$：モノマーの初期濃度，$[I]_0$：開始剤の初期濃度，Conv.：モノマーの転化率（生成ポリマーの収率），FW：モノマーの分子量である．

また，上式からわかるように，生成ポリマーの分子量（M_n）とモノマーの転化率（Conv.）には比例関係が成り立つ．したがって，重合中に溶液の一部をサンプリングし，Conv. に対する M_n のプロットが上式より導かれる理論直線上にあれば，その重合がリビング的に進行していることの証明となる．さらに，モノマーが完全に消費された系に再びモノマーを加え重合を行った（ポスト重合）ときに，生成ポリマー（ポストポリマー）の分子量が先の理論直線の延長上にプロットできれば，安定なリビングポリマーが生成していることの直接の証拠となる（図 4.15）．あるいは，時間−転化率曲線（図 4.16）や，ポストポリマーの GPC（🔖 p.20）曲線が，重合前のプレポリマーの曲線の形状を保ったまま高分子量側へシフトしていることも証拠の一つとしてよく用いられる（図 4.17）．なお，当然のことではあるが，生成ポリマーの実測分子量が式より求めた計算分子量と広い分子量範囲（数千〜数万，ときには数十万）でよく一致していることも**リビング重合**では必要条件である．

分子量の制御と合わせ，狭い分子量分布のポリマーが生成することも**リビング重合**の特徴の一つである．開始反応が成長反応よりも十分に速い場合，分子量分布（重量平均分子量と数平均分子量の比，M_w/M_n 値）は，$M_w/M_n = 1$ に近づく．理論上，分子量分布は重合度（n）に依存し，高重合度のポリマーほど値が減少する（式 (4.13)）．実際にリビングアニオン重合で得られるポリスチレンの分子量分布は $M_w/M_n = 1.01$

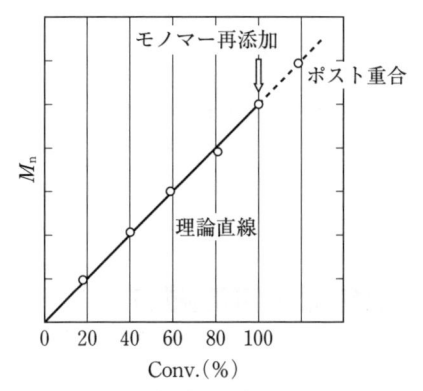

図 4.15 転化率（Conv.）に対する数平均分子量（M_n）のプロット

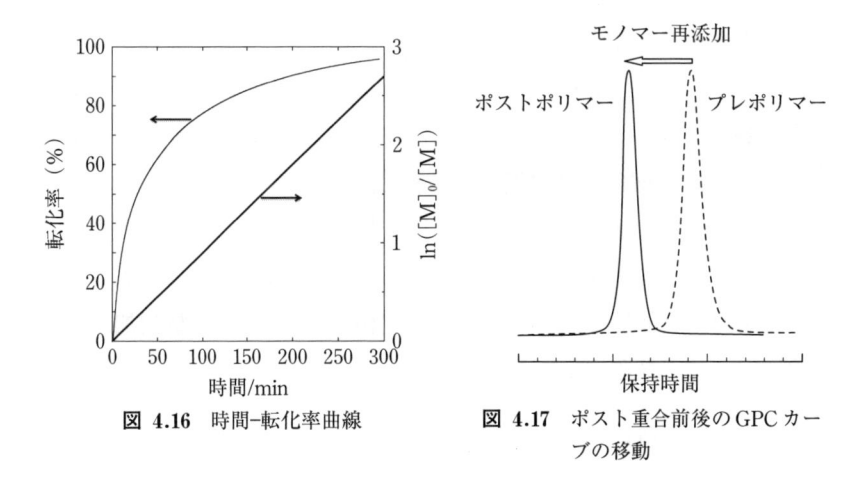

図 4.16 時間-転化率曲線

図 4.17 ポスト重合前後の GPC カーブの移動

~1.05 を示す．

$$\frac{M_w}{M_n} = 1 + \frac{1}{n} \quad (4.13)$$

参考文献

1) H. L. Hsieh, R. P. Quirk, "Anionic Polymerization", D. E. Hudgin, ed., Marcel Dekker (1996)
2) M. Sawamoto, *Prog. Polym. Sci.*, **16**, 111 (1991)

3) K. Matyjaszewski, J. Xia, *Chem. Rev.*, **101**, 2921 (2001)
4) C. Hawker, *et al.*, *Chem. Rev.*, **101**, 3661 (2001)
5) M. Kamigaito, *et al.*, *Chem. Rev.*, **101**, 3689 (2001)
6) R. H. Grubbs, W. Tumas, *Science*, **243**, 967 (1989)
7) R. R. Schrock, *Acc. Chem. Res.*, **25**, 158 (1990)

4.7 重縮合・重付加・付加縮合

> この節のキーワード：
> 重縮合，重付加，付加縮合

　高分子はモノマーを重合することによって合成されるが，モノマーの種類や重合がどのように進行するかによって，その種類が整理されている．ラジカル重合（▶ p. 93），アニオン重合（▶ p. 101），カチオン重合（▶ p. 106）に代表される重合は，連鎖重合（▶ p. 89）とよばれる．一方，**重縮合，重付加，付加縮合**は逐次重合（▶ p. 89）とよばれる．ここでは逐次重合について取り上げる．とくに，有機合成化学に登場するカルボン酸とアルコールによるエステル化反応に代表される縮合反応を二官能性モノマーに拡張した**重縮合**を中心に，**重付加，付加縮合**についても簡潔に説明する．

$$R-COOH + R'-OH \xrightarrow{\text{縮合反応}} R-COO-R' + H_2O$$

$$HOOC-R-COOH + HO-R'-OH \xrightarrow{\text{重縮合反応}} -OC-R-COO-R'-O- + 2H_2O$$

図 4.18　一官能性による縮合反応と二官能性モノマーによる重縮合反応

4.7.1 重縮合における基本的な置換反応

　重縮合は有機合成反応を基盤とした重合反応である．その反応には，① アシル求核置換反応，② 芳香族求核置換反応，③ 芳香族求電子置換反応，④ 遷移金属触媒を用いる置換反応，⑤ 脱水素反応などが，よく用いられる．以下に，これらの反応をベースとする代表的な**重縮合**の反

応例を取り上げる．

① アシル求核置換反応では，アシル基（カルボニル基）へのアミノ基，あるいはヒドロキシル基の置換反応が進行することにより，ポリアミド，あるいはポリエステルがそれぞれ生成する．通常，カルボン酸と求核剤（アミノ基やヒドロキシル基）の反応では，混ぜただけでは反応は進行せずにポリマーは得られない．カルボン酸の反応性が十分に高くないためである．そこで，カルボン酸（アシル基）の活性を上げたモノマーが必要となる．

ClOC-Ar-COCl　　　　O(CO)$_2$-Ar-(CO)$_2$O
　　酸クロリド　　　　　　　酸無水物

　　活性エステル　　　　　　活性アミド

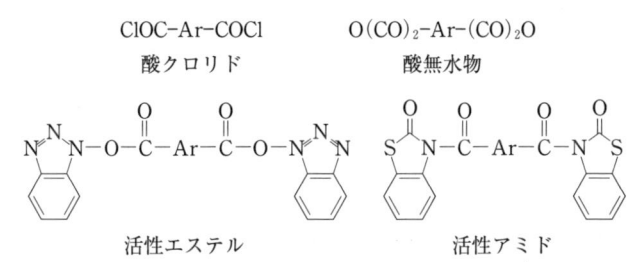

図 4.19 カルボン酸の活性を上げた活性アシル誘導体

　酸クロリド，酸無水物，活性エステル，活性アミドは活性アシル誘導体の代表的な化合物であり，いわゆる，カルボン酸の活性を上げたモノマーである．それらを求核剤と反応させると，カルボン酸単体では進行しない**重縮合**が進行する．これは直接重縮合とよばれている．酸クロリドは活性がきわめて高く，求核剤と容易に反応し，ポリマーを与える．反応性が高い反面，微量な水分とも容易に反応し，モノマーの保存法や取り扱いに注意が必要となる．一方，カルボン酸を活性化させるために縮合剤を用いると，脱離基として酸性度の高い複素環を有する活性エステルや活性アミドが生成される．これらと求核剤との反応を行うとエステル結合，あるいはアミド結合が容易に形成され，ポリマーが得られる．縮合剤を用いる反応はカルボン酸を直接にモノマーとして用いることができること，および系内で生成した活性アシル中間体を単離精製することなく，そのまま求核剤と反応させることができることから，より簡便な合成を目指す上で優れている．また，室温から100℃程度までの

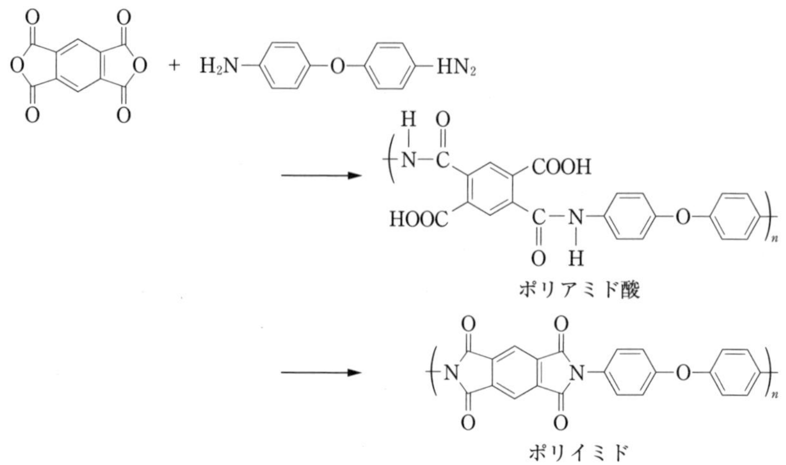

図 4.20 テトラカルボン酸二無水物とジアミンによるポリイミド合成

比較的穏和な条件で反応が進行し，高分子量体を与えることも特徴である．カルボン酸誘導体として酸無水物を用いる重縮合の例では，その生成物としてポリイミドがよく知られている．テトラカルボン酸二無水物とジアミンとのアシル置換反応からアミド酸を生成し，その後，隣接するアミド基とカルボン酸との分子内脱水閉環反応が進行することによりポリイミドが生成する．脱水閉環イミド化には，脱水剤に無水酢酸／ピリジンを用いた化学イミド化と高温で加熱しながら脱水反応を行う熱イミド化がある．熱イミド化はアミド酸でいったんフィルム状に成膜した後にそのまま加熱するだけでイミド化を進行させることができる．

② 芳香族求核置換反応による**重縮合**では，芳香族ハロゲン化物と求核剤との付加-脱離反応が進行し，主として芳香族ポリエーテルケトンやポリエーテルスルホンなどが得られる．ここで注意しておきたいのは，芳香族ハロゲン化物の反応性である．まず，芳香族ハロゲン化物は脂肪族ハロゲン化物に比べて求核置換反応が進行しにくい．ハロゲンの非共有電子対が芳香環の π 電子と共鳴し，ハロゲン-芳香族炭素との結合に二重結合性を生じるからである．しかしながら，強い電子求引性基（たとえば，ケト基やスルホニル基）を導入することでこの問題は解決

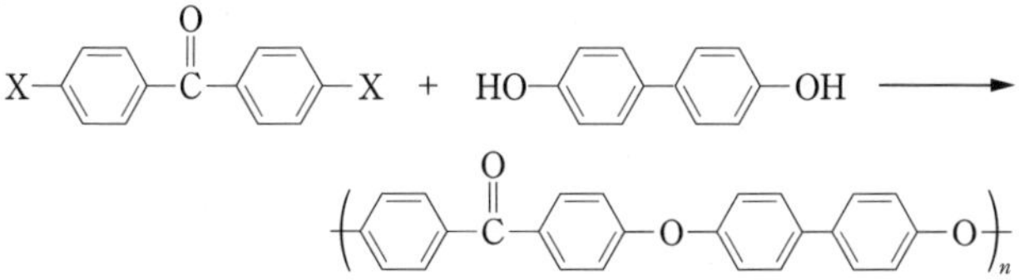

図 4.21 電子求引性基を有する芳香族ハロゲン化物と芳香族ジオールによるポリエーテルケトンの合成

できる．また，脱離するハロゲンに基づく芳香族ハロゲン化物の反応性にも違いがみられることから，脱離基を選択することも有効である．通常，反応性は，Ar-F＞Ar-Cl＞Ar-Br＞Ar-I の順となる．脂肪族はこの逆の R-I＞R-Br＞R-Cl＞R-F となる．芳香族の場合は，求核剤の付加反応が律速段階となるので電気陰性度の高いハロゲンが芳香環に導入されているほど反応が速くなる．より高分子量体のポリマーを得るためにも，これらのモノマーの反応性に気をつけて重合を行う必要があることに注意したい．

③ 芳香族求電子置換反応による重縮合は，$AlCl_3$ や $FeCl_3$ などの Lewis 酸存在下，酸クロリドやスルホニルクロリドモノマーが電子密度の高い芳香環に求電子的に反応し，芳香環の水素と置換反応を起こしながらポリマーを与える．電子密度の高いモノマーにはジフェニルエーテルやその誘導体が用いられることが多い．上記の芳香族求核置換反応とは反応機構が異なるが，ポリエーテルケトンやポリエーテルスルホンなどが主な生成ポリマーとなる．

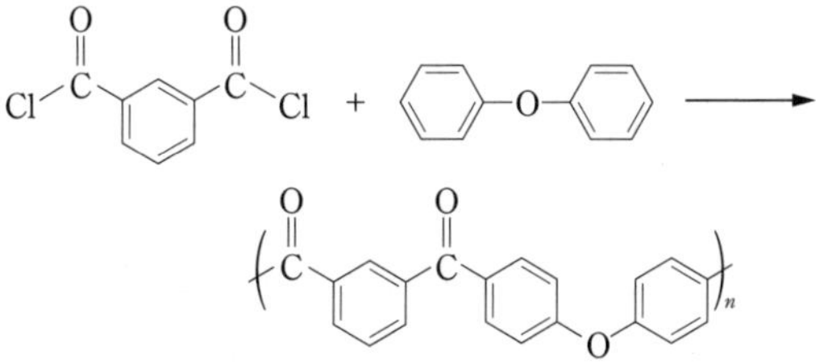

図 4.22 芳香族カルボン酸ジクロリドと電子密度の高いジフェニルエーテルによるポリエーテルケトンの合成

④遷移金属触媒（例：Pd, Ni）を用いる重縮合では，芳香族ハロゲン化物と求核剤との間で置換反応が進行する．特徴は，上記の芳香族求核置換反応のように，電子求引性基をとくに必要としないことである．さらに，通常の芳香族求核置換反応による重合では炭素–ヘテロ結合（C–O, C–N）生成が進行するのに対し，遷移金属触媒を用いると炭素–炭素結合形成（C–C）による重合も可能となることから，芳香族π共役系高分子（例：ポリチオフェン，ポリフェニレン，ポリフェニレンビニレン）などを合成することができる．モノマーの工夫により，一次構造の配列が制御されたポリマー合成も可能となる．

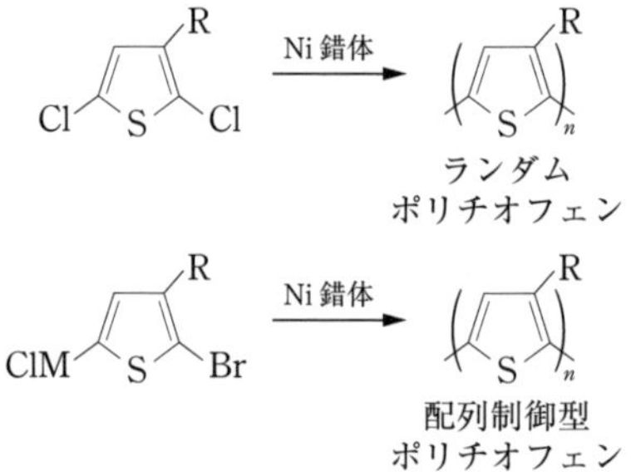

図 4.23 遷移金属触媒を用いる芳香族π共役系高分子の合成

⑤脱水素反応による**重縮合**は，酸化カップリング重合ともよばれ，比較的穏和な条件で反応が進行する．さらに，特徴はそれだけではなく，脱離成分が水素のみであるために，他の**重縮合**の脱離成分のようにハロゲンが含まれない点で環境に優しい重合として注目されている．たとえば，塩化銅–アミン錯体触媒存在下，フェノール誘導体を酸素雰囲気下にてかくはんすると，高分子量のポリフェニレンエーテルが生成する．ほかにも，バナジウム錯体存在下，ジアルコキシベンゼンをモノマーとして酸素雰囲気下にて重合を行うとポリ（ジアルコキシフェニレン）が容易に得られる．この重合系では，モノマーの一電子酸化が起点となるため，当然のことながらモノマーは酸化されやすくなければならない．つまり，芳香環の電子密度の高いモノマーが必要となる．一方，酸

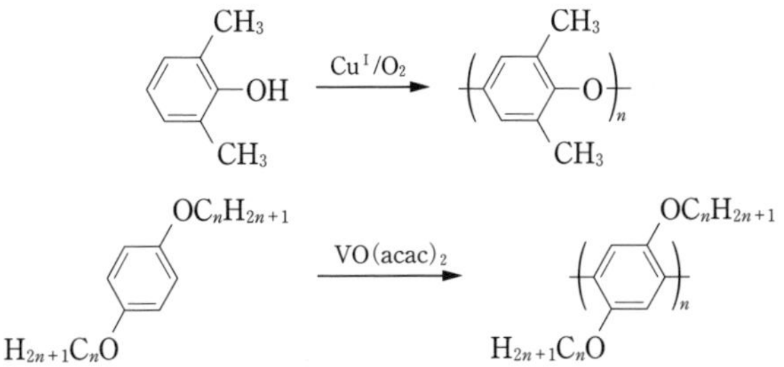

図 4.24 酸化カップリング重合による芳香族系高分子の合成

化剤は環境的にもコスト的にも酸素が望ましいが，ほかに塩化鉄などのLewis酸などが用いられる場合もある．Lewis酸の場合は，一般的に，試薬の純度も考慮して化学量論量以上が必要とされる．この酸化重合が触媒で進行し，多様なモノマーに適用できるようになれば，さまざまなポリマーがこの脱水素重合で合成できるようになると期待される．

4.7.2 重付加

重付加は**重縮合**と異なり，脱離成分がない．代表的な**重付加**としては，ジイソシアナートとジオールあるいはジアミンから生成されるポリウレタンやポリ尿素の合成がある．ジエポキシへのジオールあるいはジアミンの**重付加**反応もよく知られている．工業的には二官能性モノマーによる重付加だけでなく，多官能性イソシアナートやポリオールによる**重付加**も広く行われており，共重合体などから架橋構造を形成させたポリウレタンなどが製造されている．架橋密度やモノマー構造を工夫することにより，主に弾性率を制御することができ，高反発・低反発ポリウレタンなど所望の硬さを備えたポリウレタンをつくり上げることができる．

有機・無機複合材料として，シロキサン含有高分子も**重付加**により合成することができる．シリルヒドリド基を有する二官能性モノマーとしてシロキサンあるいはその誘導体と炭素−炭素二重結合，あるいは三重結合を有する二官能性モノマーを白金触媒によって付加反応を行うと，

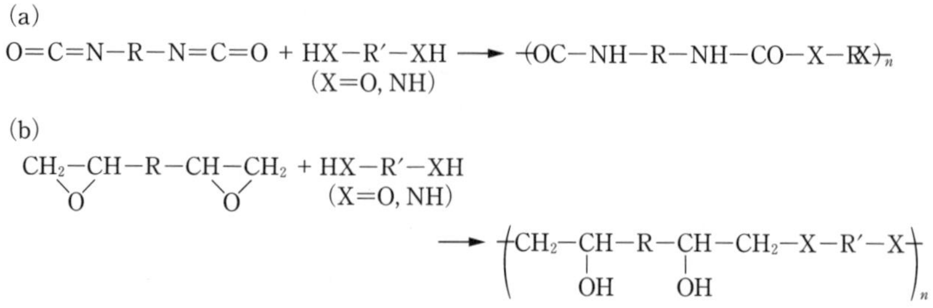

(a)
$$O=C=N-R-N=C=O + HX-R'-XH \longrightarrow \text{(}OC-NH-R-NH-CO-X-R'X\text{)}_n$$
$$(X=O, NH)$$

(b)
$$\underset{O}{CH_2-CH}-R-\underset{O}{CH-CH_2} + HX-R'-XH$$
$$(X=O, NH)$$
$$\longrightarrow \text{(}CH_2-\underset{OH}{CH}-R-\underset{OH}{CH}-CH_2-X-R'-X\text{)}_n$$

図 4.25 (a) ジイソシアナート,あるいは (b) ジエポキシ化合物と求核剤による重付加反応

有機・無機複合ポリマーが得られる.

4.7.3 付 加 縮 合

付加縮合は,読んで字のごとく,付加反応と縮合反応が繰り返される重合反応のことである.ホルムアルデヒドとフェノール類,メラミン,尿素などが反応し,それぞれフェノール樹脂,メラミン樹脂,尿素樹脂を与える.**付加縮合**は,酸触媒,塩基触媒,どちらでも反応が進行する.しかしながら,どちらの触媒を用いるかによって,生成機構が異なり,得られる樹脂の性質に違いがみられる.フェノールとホルムアルデヒドを例にあげて説明する.塩基触媒で生成する化合物はレゾールとよばれる.まず,フェノールが塩基によってフェノラートとなりオルト位,またはパラ位の炭素でホルムアルデヒドに求核付加する.そこに水が加わることでメチロール基を有するフェノールが生成する.一方,酸触媒で生成する化合物はノボラックとよばれる.酸触媒下では,まず,ホルムアルデヒドに酸触媒由来のプロトンが付加してメチロールカチオンが生成する.つづいて,そのメチロールカチオンがフェノールに求電子置換反応することによりメチロール基を有するフェノールが生成する.さらに,メチロール基に酸触媒が作用することによって,ベンジルカチオンが発生し,フェノールとの求電子置換反応が進行する.生成物の構造の違いに目を向けると,ノボラックはメチロール基の数が少なく,レゾールは多い.メチロール基が少ないノボラックは加熱だけでは

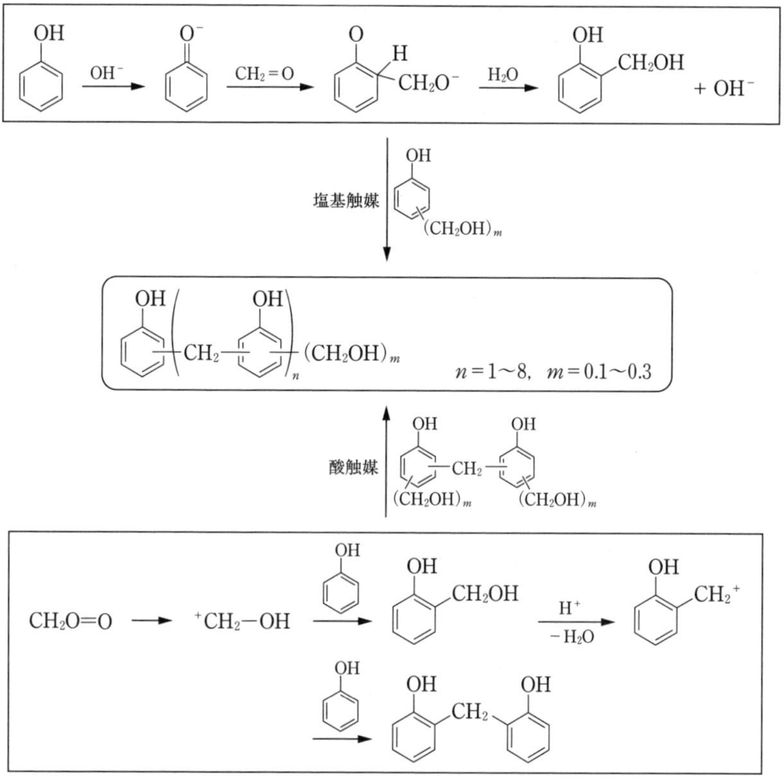

図 4.26 塩基触媒，あるいは酸触媒存在下におけるフェノール樹脂の作製

硬化しないが，アミン系硬化剤を加えて加熱すると硬化物となる．これは，一般に塩基触媒では付加反応が縮合反応に比べて起こりやすく，酸触媒ではその逆で縮合反応が付加反応に比べて起こりやすいことに起因している．

4.7.4 逐次重合における分子量分布制御

逐次重合で生成されるポリマーの分子量分布（M_w/M_n）（🔖▶ p.6）は，通常，Floryの理論式にしたがい，重合の進行とともに広がりを見せ，理論的な値である2に近づく（参考文献2)）．これに対し，ビニルモノマーのリビング重合で生成されるポリマーの分子量分布は，理論

上，$M_w/M_n=1$ である．それでは，**重縮合**で1に近づけることはできないのであろうか．答は，「できる」である（参考文献3))．連鎖縮合重合とよばれる重合法を適用することにより，本来，逐次重合である**重縮合**を連鎖的に，かつリビング的に進行させると，M_w/M_n が1に近いポリマーが得られる．したがって，分子量分布だけでなく，分子量も開始剤やモノマーの量によって任意に制御できる．

　連鎖縮合重合には，開始剤とともに，一般的にAB型モノマーとよばれる，求核攻撃をする側の官能基Aとそれを受ける側の官能基Bからなる分子が用いられる．そこでまず，開始剤とAB型モノマーのA官能基が反応して化合物が生成する．その生成物は末端官能基Bを有する．ここで重要なのが，この末端官能基Bの反応性が，AB型モノマーの官能基Bの反応性よりも十分に高いことである．一見，同じ官能基であっても，ベンゼン環を通して，その反対側の官能基から微妙な電子供与，あるいは電子求引の影響を受けることにより，反応性に差が生まれる．この反応性の優劣が官能基Aに選択性を与え，一般の**重縮合**には見られない連鎖縮合重合が進行することになる．AB型モノマーよりも反応性が十分に高い末端基Bは，系内に残存するAB型モノマーの官能基Aと選択的に反応する．そしてまた，その生成物の成長末端には再び反応性の高い官能基Bが与えられることになる．この反応が繰り返されることによって，分子量および分子量分布が制御されたポリマーが得られる．モノマーの官能基の種類に応じて，上記のアシル求核置換反応や芳香族求核置換反応などによる連鎖的縮合重合が可能となり，$M_w/M_n=1.1\sim1.2$ 程度のポリアミドやポリエステル，ポリエーテルケトンなどが生成される．

参考文献

1) 高分子学会 編，"基礎高分子科学6 高分子の生成"，pp. 283-300，東京化学同人 (2006)
2) 高分子学会 編，"基礎高分子科学6 高分子の生成"，pp. 286-290，東京化学同人

(2006)
3) 高分子学会 編, "基礎高分子科学 6 高分子の生成", pp. 346-349, 東京化学同人 (2006)

4.8 高分子化学工業

> この節のキーワード：
> ポリエチレン，ポリスチレン，ポリエステル，溶融重縮合，ポリアミド

　合成高分子を工業製品としてとらえると，その用途に応じてプラスチック，ゴム，繊維に大別される．それらの国内年間生産量は，景気の動向を受けながらも，プラスチック約1 300万トン，ゴム165万トン，繊維107万トンに達している．中でもプラスチックはもっとも多く生産されており，高分子化学工業の中心となっている．そのプラスチックのうち，**ポリエチレン**（309万トン），ポリプロピレン（287万トン），ポリ塩化ビニル（180万トン），**ポリスチレン**（159万トン）はとくに生産量が多く，これら四つのポリマーでプラスチック全体の70％を占めている（平成20年度経済産業省生産動態統計）．本節では，これら代表的な四つのポリマーを中心に，合成高分子の工業的製法について述べる．

4.8.1 ポリエチレン

　ポリエチレン（PE）は，分子構造や諸物性（密度，融点，力学特性）によって，低密度ポリエチレン（LDPE），直鎖状低密度ポリエチレン（LLDPE），高密度ポリエチレン（HDPE）に分類される（表4.4）．なお，密度によって低密度（$0.910 \sim 0.930 \text{ g cm}^{-3}$），中密度（$0.930 \sim 0.942 \text{ g cm}^{-3}$），高密度（$>0.942 \text{ g cm}^{-3}$）と分類されることもある．LDPEは，高圧（1 000気圧以上），高温（200～300℃）条件下，エチレンのラジカル重合（▶ p. 93）によって合成される．その分子内には，長鎖，短鎖の分岐構造を多数含んでおり，結晶化度（▶ p. 77）が低く，加

表 4.4 ポリエチレンの分類

	LDPE	LLDPE	HDPE
分子構造			
密度/g cm^{-3}	0.910〜0.930	0.910〜0.940	0.940〜
融点/°C	105〜115	117〜127	125〜
製法	高圧	中低圧	中低圧
	ラジカル重合	α-オレフィンとの共重合	配位重合
特徴	柔軟,透明性	耐衝撃性,耐熱性	高強度

工成形性,透明性に優れているが,耐衝撃性,耐熱性は低い.フィルムや加工紙,射出成形品として,食品包装材料,ラミネートフィルム,スーパーのレジ袋,ゴミ袋,食品密閉容器のふたなど,日用品として目にすることがもっとも多い.LLDPE は,中低圧 (5〜40 気圧),中温 (60〜100°C) 条件下,Ziegler-Natta 触媒(気相法)やメタロセン触媒(液相法)を用い,エチレンと α-オレフィンの共重合によって合成される.α-オレフィンには,1-ブテン,1-ヘキセン,4-メチル-1-ペンテン,1-オクテンが用いられており,種類によって密度をはじめとする諸物性が異なる.長鎖分岐構造をもたないため,LDPE と比較してフィルム強度が高く,耐熱性,耐寒性に優れており,米や砂糖の重包装,冷凍食品の包装,また,マーガリンやマヨネーズの食品容器として利用されている.HDPE は,中低圧条件下,Ziegler-Natta 触媒やクロム系担持触媒を用いた配位重合によって合成される.分岐構造が少なく結晶化度が高いため透明性は低いが,強度が高く耐熱性,耐寒性に優れていることから,成形品としてコンテナや容器として用いられる.最近では,メタロセン触媒を用いた mHDPE の生産も行われており,耐ストレスクラッキング性の向上による高付加価値化が図られている.

4.8.2 ポリプロピレン

ポリプロピレン (PP),およびその共重合体は,優れた剛性と耐衝撃性,耐熱性,高い絶縁特性を併せもち,食品や薬品の容器,包装材,電

化製品の絶縁体，自動車のバンパーなど幅広い製品に用いられている．
ポリエチレンに次ぐ第2位の生産量でありながら，興味深いことに，そのほとんどが Ziegler-Natta 触媒を用いたプロピレンの配位重合によって製造されている．当初の塩化チタン-有機アルミニウム系から，現在では，高活性で立体規則性（▶ p.9）の高い PP を与える塩化マグネシウム担持錯体が用いられている．PP は，主鎖上のメチル基の立体配置によって立体規則性の異なるアイソタクティック，シンジオタクティック，アタクティック構造が存在するが，工業材料として用いられているのは，もっとも結晶化度が高く，高融点，高剛性のアイソタクティック構造からなる PP のみである．また，単独重合体に加え，エチレンとのランダム共重合体（▶ p.12），ブロック共重合体（▶ p.12）も製造されている．単独重合体と比較して，ランダム共重合体は融点，剛性がやや低下するが透明性が高くなる．ブロック共重合体は剛性と耐衝撃性が向上している．最近では，メタロセン触媒を用いた高性能 PP および共重合体の開発も検討されているが，工業化にあたり触媒活性，コストの面で今後の発展に期待したい．なお，プロピレンのラジカル重合やアニオン重合（▶ p.101）は進行せず，ポリマーは生成しない．

4.8.3　ポリ塩化ビニル

ポリ塩化ビニル（PVC）は，一般的に塩化ビニルモノマーのラジカル重合（懸濁重合法，数気圧，40〜60℃）によって製造されている．モノマーの合成過程において塩素を必要とするため，ソーダ工業との関連が深い．PE, PP とは異なり非晶性ポリマーであるが，炭素-塩素結合の極性のため分子間力が強く常温では硬い樹脂（硬質 PVC）となっている．耐久性に優れており上下水道のパイプや建材として使用されている．これに可塑剤（主としてフタル酸オクチル）を添加することで柔軟性を付与した軟質 PVC は加工性がよいため，フィルムやシートとして用いられるほか，ビニルホースやプラスチック消しゴムなどの日用品として普及している．

4.8.4 ポリスチレン

スチレンモノマーはラジカル重合，アニオン重合，カチオン重合（p. 106）いずれの方法でも重合可能であるが，工業的にはスチレンモノマーをラジカル重合させることで**ポリスチレン**（PS）が製造されている．汎用ポリスチレン（GPPS）は透明で硬く加工成型性に優れており，射出成形（食品容器や雑貨，家電製品の筐体），押出成形（食品トレイ），インジェクションブロー成形（飲料容器）などによってさまざまな製品がつくられている．ただし，耐衝撃性が低くストレスクラッキングを生じることがある．そこで，数％のゴム成分存在下でスチレンモノマーを重合することで，透明性は失われるが耐衝撃性が改善された耐衝撃性ポリスチレン（HIPS）(p. 175 参照）が開発され用いられている．さらに，ゴム成分存在下でスチレンとアクリロニトリルの共重合を行うことで得られる ABS 樹脂はエンジニアリングプラスチックとしてよく知られている．メタロセン触媒を用いたスチレンの配位重合を行うと，高度に立体規則性が制御されたシンジオタクティック PS が得られる．これは，ラジカル重合によって得られるアタクティック PS が非晶性ポリマーであるのに対し，耐熱性や耐薬品性に優れた結晶性ポリマーであり，エンジニアリングプラスチックとして注目を集めている．

4.8.5 ポリエステル

ポリエチレンテレフタレート（PET）は年間生産量が 105 万トンに達し，ペットボトルや**ポリエステル**繊維として生活に密接に関わっている．前述の四つのポリマーがいずれもビニルモノマーの付加重合で合成されるのに対し，PET はテレフタル酸とエチレングリコールの重縮合（p. 120）によって合成される．工業的には，ジカルボン酸とジオールからポリエステルを直接合成するのではなく以下の手法が用いられている．まず，テレフタル酸ジメチルに対し過剰のジオールを 190℃ で反応させてテレフタル酸ビス(2-ヒドロキシエチル)エステルとそのオ

リゴマーを合成する．つづいて，触媒存在下，280°C で脱離成分のエチレングリコールを留去させながら**溶融重縮合**を行うことで，等モル性にとらわれず高分子量ポリエステルが製造されている．

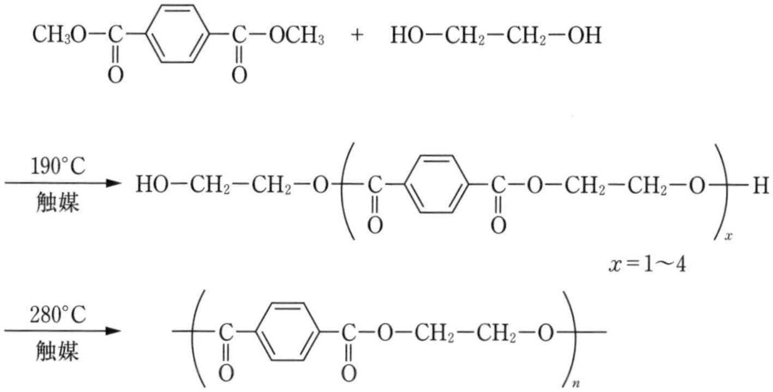

$$CH_3O-\underset{O}{C}-C_6H_4-\underset{O}{C}-OCH_3 + HO-CH_2-CH_2-OH$$

$$\xrightarrow[\text{触媒}]{190°C} HO-CH_2-CH_2-O{\left(\underset{O}{C}-C_6H_4-\underset{O}{C}-O-CH_2-CH_2-O\right)}_x H \quad x=1\sim4$$

$$\xrightarrow[\text{触媒}]{280°C} {\left(\underset{O}{C}-C_6H_4-\underset{O}{C}-O-CH_2-CH_2-O\right)}_n$$

図 4.27　ポリエステル（PET）の工業的製法

4.8.6　ポリアミド

合成繊維の中で，**ポリアミド**であるナイロン 66 がもっとも広く用いられている．工業的にはアジピン酸とヘキサメチレンジアミンから生成するナイロン塩を経由した**溶融重縮合**によって製造されている．一方，繊維としての利用のほかに耐薬品性や耐摩耗性をいかした機械部品として用いられているナイロン 6 は，ε-カプロラクタムのアニオン開環重合によって合成されている．

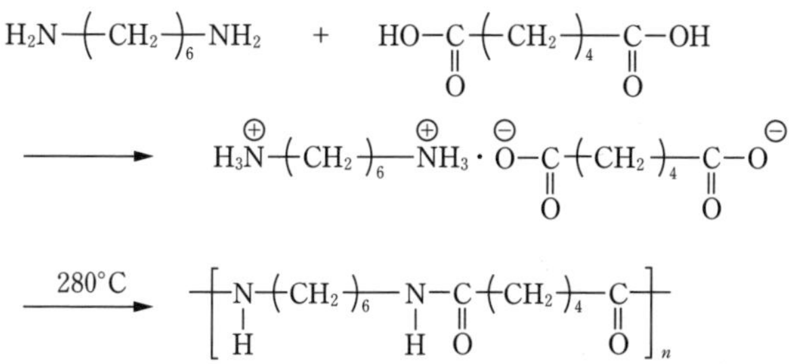

$$H_2N{\left(CH_2\right)}_6 NH_2 + HO-\underset{O}{C}{\left(CH_2\right)}_4\underset{O}{C}-OH$$

$$\longrightarrow \overset{\oplus}{H_3N}{\left(CH_2\right)}_6\overset{\oplus}{NH_3}\cdot\overset{\ominus}{O}-\underset{O}{C}{\left(CH_2\right)}_4\underset{O}{C}-\overset{\ominus}{O}$$

$$\xrightarrow{280°C} {\left[\underset{H}{N}{\left(CH_2\right)}_6\underset{H}{N}-\underset{O}{C}{\left(CH_2\right)}_4\underset{O}{C}\right]}_n$$

図 4.28　ポリアミド（ナイロン 66）の工業的製法

参考文献

1) 曽我和雄, "新産業化学シリーズ 重合プロセス技術 ポリオレフィン", 日本化学会編, 大日本図書 (1991)
2) 佐伯康治, 尾見信三, "新ポリマー製造プロセス", pp. 85-203, 工業調査会 (1994)

5章

高分子の構造評価

　高分子が形成する構造は，高分子鎖一本中のコンフォメーションから，高分子鎖一本，それらが集合してできるミクロドメイン構造，繊維やフィルム中の配向構造に至るまで，多種多彩，対象とする大きさスケールもさまざまである．これらの構造をどのように評価すればよいのだろうか．光散乱，X線散乱，電子顕微鏡，原子間力顕微鏡，光学（偏光）顕微鏡，NMRを用いた評価法を紹介する．

3章

電子の磁気模型

5.1 光散乱

> この節のキーワード：
> Rayleigh 散乱，Zimm プロット，静的光散乱，動的光散乱

5.1.1 いろいろな散乱現象

　光を物質に照射するとその光は物質を透過するか，物質に吸収されるか，あるいは反射することが知られている．しかしその物質の大きさを徐々に小さくしたとき，散乱という現象が起こる．散乱という言葉は透過や反射と比べると日常生活ではあまりなじみのない言葉だが，ふと窓の外に目を向ければいろいろな散乱現象を見ることができる．空が青いことや夕日が赤いこと，雲や煙が白いことなどはすべて「散乱」という現象で説明できる．

　散乱とは光を小さな物質（散乱体）に照射したとき，光が散乱体と衝突したり相互作用をすることにより方向が変わることである．そのときその散乱体の大きさにより **Rayleigh 散乱**，Mie 散乱，幾何学的散乱に分けられる．**Rayleigh 散乱**は散乱体の大きさが光の波長のオーダーよりも小さいとき，おおよその目安として波長の 1/10 以下のときに起こる散乱で，その散乱強度は波長の 4 乗に反比例する．空の青い色は大気中の窒素や酸素分子による **Rayleigh 散乱**による現象であり，これは太陽光の中の波長の短い光が選択的に強く散乱するためである．逆に夕日の赤い色は大気中の窒素や酸素分子で散乱しない波長の長い光が透過した結果である．一方，Mie 散乱は散乱体の大きさが光の波長と同じオーダーの場合に起こる散乱で，散乱強度の波長依存性は弱いが，前方への散乱が強いという性質をもつ．散乱体がさらに大きくなると幾何学的散乱が起き，全波長の散乱が起こる．雲の色が白いのは大気中の水蒸気が集まった凝集体による Mie 散乱や幾何学的散乱による現象であり，

全波長での散乱が起きるためである．

　本節で述べる高分子の光散乱は一般的には **Rayleigh 散乱**が用いられており，**静的光散乱**と**動的光散乱**の二つの測定法がある．高分子溶液の散乱強度は高分子の Brown 運動のためにゆらいでいるが，このときの平均の散乱強度から高分子の重量平均分子量（🔖▶ p. 3）や慣性半径（🔖▶ p. 17）などを決定する方法が**静的光散乱**測定である．そしてその散乱強度のゆらぎを時間相関関数として表し，拡散係数から流体力学的半径を得る方法が**動的光散乱**測定である．光散乱の理論的な背景は良書[1]に譲り，ここでは市販で入手できる光散乱測定装置で何がわかるかについて説明する．

5.1.2 静的光散乱

　静的光散乱測定では，キャリブレーション測定，バックグラウンド測定，およびサンプル測定の三つを行うことにより分子量や慣性半径を決定できる．まずキャリブレーション測定では，ベンゼンやトルエンの散乱角 90°での散乱強度と文献値の Rayleigh 比から使用する機器の装置定数を決定する．次にバックグラウンド測定を行う．これは高分子溶液を調製する際に使用した純溶媒からの散乱強度をさまざまな散乱角 θ で測定するものであり，$I(0, \theta)$ としてデータを得る．最後にサンプル測定であるが，これは濃度 c を 4〜5 点変化させた溶液を準備し，それぞれの溶液の散乱強度をバックグラウンド測定と同じ角度で測定することで，$I(c, \theta)$ を得る．得られたデータは下記の式より入射光強度 I_0 との比をとり，過剰レイリー比 $R(c, \theta)$ に変換する．

$$R(c, \theta) = \frac{[I(c, \theta) - I(0, \theta)] r^2}{I_0 V} \tag{5.1}$$

ここで V は散乱体積，r は散乱体から検出器までの距離であるが，キャリブレーション測定によって得られる装置定数の一部として扱う[2]．

　高分子の分子量決定には **Zimm プロット**が一般に使われている．**Zimm プロット**では過剰レイリー比と分子量との関係は，

$$\frac{Kc}{R(c,\theta)} = \frac{1}{M_\mathrm{w}}\left(1 + \frac{1}{3}R_\mathrm{g}^2 q^2 + \cdots\right) + 2A_2 c + \cdots \quad (5.2)$$

と表される．ここで，K は光学定数，M_w は重量平均分子量，R_g は慣性半径，q は散乱ベクトルの大きさ，A_2 は第二ビリアル係数である．K と q はそれぞれ，溶媒の屈折率 n，入射光の波長 λ，高分子溶液の屈折率増分 $\partial n/\partial c$ を用いて，

$$K = \frac{4\pi^2 n^2}{N_\mathrm{A}\lambda^4}\left(\frac{\partial n}{\partial c}\right)^2 \quad (5.3)$$

$$q = \frac{4\pi n}{\lambda}\sin\frac{\theta}{2} \quad (5.4)$$

である．式 (5.2) はいろいろな変数を含む式であるが，実際に測定に使うパラメーターは濃度 c，散乱角 θ，溶液の屈折率増分 $\partial n/\partial c$ の三つである．

ただし散乱ベクトルの大きさ q は小角 X 線散乱（▶ p.149）でも使用する値であるが，小角 X 線散乱では慣例的に散乱角を 2θ とするので，q の定義式が少し違うことに注意する必要がある．図 5.1 に式 (5.2) を実際にプロットしたデータを示す．図中の●は実測データ，○はそれぞれ濃度 0 および角度 0 への外挿データである．濃度 0 への外挿データを直線として近似したとき，式 (5.2) から濃度項が消去されるため分子量 M と慣性半径 R_g を決定することができる．また角度 0 へ

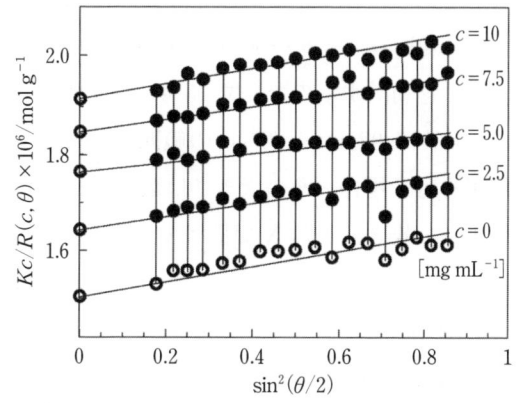

図 5.1 ハイパーブランチポリスチレンの Zimm プロット

の外挿データからは式 (5.2) の括弧内が1となる ($q \to 0$) ため,分子量 M と第二ビリアル係数 A_2 が決定できる.ここで三つ目のパラメーター,屈折率増分 $\partial n/\partial c$ について考えてみる.これは光散乱を測定する際に示差屈折計で決定する必要があるが,定性的には溶媒と高分子との屈折率の差になる.式 (5.3) を見るとこの値は光学定数 K に2乗で効いており,測定で得られた過剰レイリー比から M_w を決定する際に2乗の逆数で効いていることが式 (5.2) からわかる.逆にいえば,もし溶解性にあまり差がないのなら $\partial n/\partial c$ が大きくなるような試料と溶媒の組合せを選んだほうが強い散乱強度が得られ,測定誤差も少なくなる.

光散乱の一般式は式 (5.2) の代わりに,
$$R(c, \theta) = KcMP(\theta) \qquad (5.5)$$
と表される.粒子散乱関数 $P(\theta)$ は散乱体の形状に依存する関数で,鎖状高分子だけでなく液体中に分散するコロイドやミセルなどの形状の解析に利用できる.さまざまな形状に関する $P(\theta)$ の式は,光散乱にかぎらずX線や中性子線など他の散乱実験と同じであり,詳細は参考文献[3]を参照していただきたい.次節の小角X線散乱による構造解析と光散乱による構造解析の違いはその大きさで決まる.粒子散乱関数 $P(\theta)$ は $qR_g \ll 1$ の領域では形状に依存せず $P(\theta) \fallingdotseq 1$ となるが,qR_g の値が大きくなると形状により差が大きくなる.一般に光散乱の光源として 500 nm 程度の波長のレーザー光(Ar レーザー:488 nm, He-Ne レーザー:633 nm)を利用するので,式 (5.4) から測定角を 0〜180° として考えると,$q = 0 \sim 0.02 \text{ nm}^{-1}$ ぐらいの範囲となる.そのため $P(\theta)$ による形状の解析を行う場合,その大きさは数十 nm 以上あったほうがよく,それより小さい場合は小角X線散乱で決定するほうが望ましい.

5.1.3 動的光散乱

溶液中において高分子やコロイドは熱により Brown 運動を行っている.Brown 運動により散乱強度がゆらいでいるのは冒頭で述べたとお

りだが，この Brown 運動は粒子径によりその移動速度が変化するので，**動的光散乱**測定では散乱強度のゆらぎを解析することで Brown 運動の拡散係数を決定できる．

時間 t と $t+\tau$ における散乱強度をそれぞれ $I(t)$, $I(t+\tau)$ としたとき，規格化された自己相関関数 $g^{(2)}(\tau)$ を

$$g^{(2)}(\tau) = \frac{\langle I(t) \cdot I(t+\tau) \rangle}{\langle I(t) \rangle^2} \tag{5.6}$$

と定義する．この $g^{(2)}(\tau)$ は時間 t から $t+\tau$ の間で散乱強度にどれだけの相関があるかを示している．測定する粒子のサイズが大きい場合は時間 t から $t+\tau$ に変化しても散乱光強度はそれほど減少しないが，サイズが小さい場合は拡散速度が大きいために減少も増大する．この散乱光強度と自己相関関数の概略図を図 5.2 に示す．

散乱光強度は散乱電場の 2 乗であるので，$g^{(1)}(\tau)$ を規格化された散乱電場の一次相関関数と定義すると，式 (5.6) は次式のように表される．

$$g^{(2)}(\tau) = 1 + b|g^{(1)}(\tau)|^2 \tag{5.7}$$

$$g^{(1)}(\tau) = \exp(-\Gamma\tau) \tag{5.8}$$

ただし，τ：相関時間，b：装置定数，Γ：平均減衰速度である．ここ

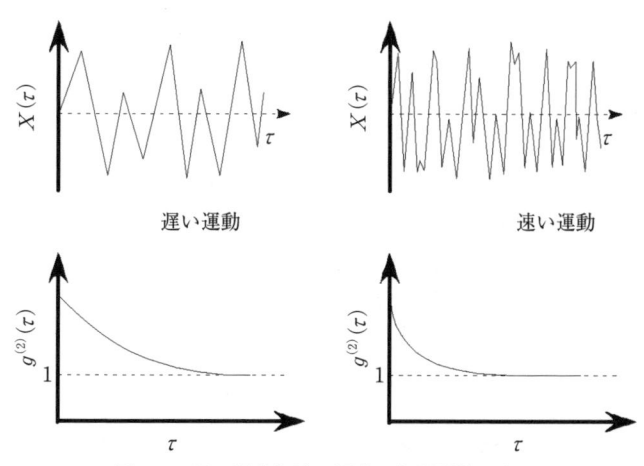

図 5.2 遅い運動と速い運動の相関関数の違い

で拡散係数 D と Γ の間には，式（5.4）に示した散乱ベクトルの大きさ q を用いて次の関係が得られる．

$$D = \Gamma q^{-2} \qquad (5.9)$$

粒子の流体力学的半径 R_h は Stokes-Einstein の式

$$R_h = \frac{k_B T}{6\pi\eta_0 D} \qquad (5.10)$$

より決定できる．ここで，k_B は Boltzmann 定数，η_0 は溶媒の粘度，T は絶対温度である．

5.1.4 光散乱測定による形状の推察

動的光散乱測定から求められる R_h と**静的光散乱**測定から求められる R_g の比は粒子の形状に依存する．たとえば屈曲性直鎖状高分子では高分子鎖は溶液中で糸まり状に広がっており素ぬけのため R_h が小さい値となり，R_g/R_h 比の値が 1.5 となる．乳化重合（▶ p.189）などで合成されたナノスフィアやミクロスフィアは溶媒などが入ることのできない剛体球とみなすことができる．このような剛体球では R_h は球の半径 r と同値で，R_g は単純な計算より $(3/5)^{0.5}r$ となるため，R_g/R_h 比は $(3/5)^{0.5} = 0.775$ となる．また棒状の粒子では R_g が棒の長さに応じた大きな値を示すため，R_g/R_h 比も大きな値となる．このように粒子の形状によって R_g/R_h 比が変わるので，R_g/R_h 比だけから形状を決定することは不可能であるが，おおよその形状を推察することは可能である．より厳密な形状の決定には**静的光散乱**や小角 X 線散乱測定などの散乱強度のフィッティングや，走査型および透過型電子顕微鏡（▶ p.153），あるいは原子間力顕微鏡（▶ p.155）などによる直接観察による方法を併用する必要がある．

参考文献

1) 高分子学会 編，"新高分子実験学 6 高分子の構造―散乱実験と形態観察"，第 1 章，共立出版（1997）

2) 高分子学会 編, "新高分子実験学1 高分子実験の基礎—分子特性解析", 第3章, 共立出版 (1994)
3) 野瀬卓平, 堀江一之, 金谷利治 編, "若手研究者のための有機・高分子測定ラボガイド", pp. 196-205, 講談社 (2006)

5.2 溶液小角 X 線散乱による粒子サイズと形状の決定

> この節のキーワード：
> Guinier 則，Porod 則

　溶液中に X 線を散乱する粒子が希薄に（たとえば1wt%程度）存在し，散乱 X 線が干渉することなくそのまま観測される場合，その溶液・分散液の X 線散乱プロファイルから，粒子の大きさ，形，表面に関する情報が得られる．溶液に分散した微粒子，コロイド，高分子鎖などがその具体例である．

5.2.1 溶液小角 X 線散乱で得られる情報

　溶液小角 X 線散乱の散乱曲線には次の三つの情報が含まれる．
　（Ⅰ）粒子の大きさ（慣性半径 R_g (📖▶ p. 17)）

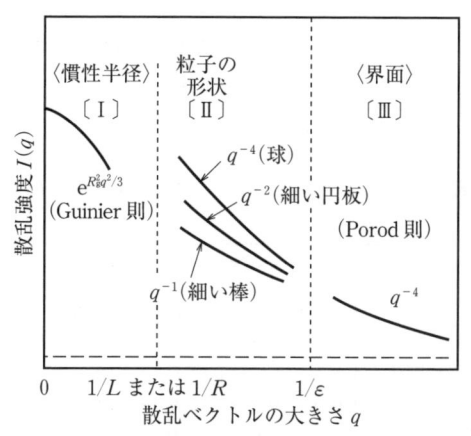

図 5.3 各散乱領域と得られる情報（L, R, ε は表 5.1 参照）

(Ⅱ)　粒子の形（球，楕円体，円柱状など）
(Ⅲ)　粒子表面（界面）の情報

これらの情報は，観測対象の長さスケールと散乱ベクトル（📖→p.149）の大きさqとの相対的な兼ね合いで，小角側からⅠ，Ⅱ，Ⅲの順に現れる．そこで，散乱プロファイルをこれら三つの領域に分けて議論する．

5.2.2　領域Ⅰ～粒子の大きさがわかる

領域Ⅰ（$q<1/R_g$）はもっとも小角側の領域で，粒子の大きさよりも大きな長さスケールで対象物を眺めている．顕微鏡観察にたとえると，低い倍率で見ていて，対象物の大きさはつかめるが形はよくわからない，という状況である．この領域をGuinier領域という．この領域で，後述のGuinier則によって均一粒子であればその形状に関係なくR_gを評価できる．qが$1/R_g$よりも十分小さな領域（領域Ⅰ）で，散乱強度は散乱体の電子密度をρ_0，散乱体の体積をvとして

$$I(q)=\rho_0{}^2v^2\exp\left(-\frac{1}{3}q^2R_g{}^2\right) \qquad (5.11)$$

で与えられる（**Guinier則**）．$I(q)$の対数をq^2に対してプロットし，その初期勾配が$-R_g{}^2/3$であることから，R_gが決定できる（Guinierプロット）．ただし，R_gを求めた後に，R_gを決定した直線が$q<1/R_g$の領域にあることを必ず確認しなくてはいけない．

表 5.1　種々の形状のパラメーターと慣性半径R_gの関係式

粒子形状	形状パラメーター	関係式
球	半径R	$R_g{}^2=(3/5)R^2$
円柱	半径r，長さL	$R_g{}^2=(r^2/2)+(L^2/12)$
回転楕円体	半軸長，$a, a, \nu a$	$R_g{}^2=a^2(2+\nu^2)/5$
薄い円盤	半径R，厚さε	$R_g{}^2=R^2/2$
細い棒状	長さL，直径ε	$R_g{}^2=L^2/12$
直方体	$2a, 2b, 2c$	$R_g{}^2=(a^2+b^2+c^2)/3$

5.2.3 領域II〜散乱曲線から粒子の形はどうわかる？

　領域IIは粒子の大きさと同じくらいのスケールで観察していることに対応し，散乱体の形がよくわかる領域である．ここでは，球体の散乱関数を計算する．

　一つの粒子から散乱されるX線の振幅は

$$A(q) = \int_V \rho(\boldsymbol{r}) e^{-i q r} d\boldsymbol{r} \tag{5.12}$$

で与えられる（$\rho(\boldsymbol{r})$ は粒子内の電子密度分布）．

　半径 R の球体の $\rho(r)$ は

$$\rho(r) = \begin{cases} \rho_0 & (r \leq R \text{ のとき}) \\ 0 & (r \geq R \text{ のとき}) \end{cases} \tag{5.13}$$

である．これを式（5.12）に代入して計算すると

$$A(q) = \int_0^\infty \rho(r) 4\pi r^2 \frac{\sin qr}{qr} dr = \frac{\rho_0}{q} \int_0^\infty 4\pi r \sin(qr) dr \tag{5.14}$$

となる．したがって，球体からの散乱は

$$I(q) = \rho_0^2 v^2 \frac{9(\sin qR - qR \cos qR)^2}{(qR)^6} \tag{5.15}$$

となる．図5.4にこの関数の形を示した．$qR = \tan qR$ となる $qR \approx (2k+\pi)/2$ で $I(q)$ はゼロになり，$qR \approx k\pi$ で極大をもつ（k は整数）．

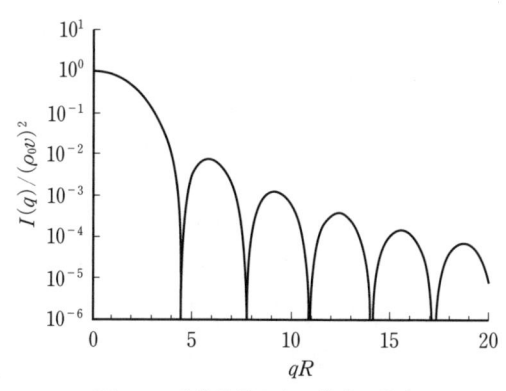

図 5.4　球体粒子からの散乱の強度

表 5.2 種々の形状の粒子の理論散乱関数

粒子形状	形状パラメーター	$I(q)$
球	半径 R	$\Phi^2(x) = \left[\dfrac{3(\sin x - x\cos x)}{x^3}\right]^2, \quad x = qR$
回転楕円体	半軸長, $a, a, \nu a$	$\int_0^{\pi/2} \Phi^2\left(qa\sqrt{\sin^2\beta + \nu^2\cos^2\beta}\right)\sin\beta\,d\beta$
円柱	半径 R, 長さ $2H$	$\int_0^{\pi/2} \dfrac{\sin^2(qH\cos\theta)}{q^2H^2\cos\theta} \dfrac{4J_1^2(qR\sin\theta)}{q^2R^2\sin\theta} \sin\theta\,d\theta$

粒径に分布があると q が大きいところの極大・極小は観測されなくなる．種々の形状の粒子の理論散乱関数を表 5.2 に示す．最近の SAXS 装置には測定散乱強度を理論散乱関数でフィッティングするソフトウェアが付属しており，溶液散乱から容易に形状パラメーターを決定できる．

散乱強度のフィッティングをする前に，下記を手がかりに散乱プロファイルの特徴から形状を予想する．

（1） 散乱体は丸いか，細長いか

円柱は横から見れば「長い大きなもの」に見える一方，上下から見ると「丸い小さなもの」に見える．このように，異方性粒子は「大きなもの」と「小さなもの」の両方の特徴を併せもった散乱曲線になる．したがって，$I(q)$ は q の増加にともなってはじめに急激に減衰し，その後ゆっくりと減衰する折れ曲がった曲線になる．同じ R_g の球と回転楕円体の $I(q)$ を比べると，Guinier 領域（$q < 1/R_g$）では同一である一方，q が大きくなってくると，回転楕円体の $I(q)$ のほうが球の $I(q)$ よりも大きくなる．

（2） 極端な形のとき

球，薄い円盤，細い棒といった極端な形状をもつ散乱体では，$I(q)$ を q に対して両対数プロットしたとき，領域 II における直線の傾きがそれぞれ $-4, -2, -1$ になる．たとえば，領域 II の範囲で傾き -1 のよい直線性がみられたら，散乱体はかなり長い棒状であるという推察ができる．

（3） cross-section plot と thickness plot

円柱の半径と高さが桁違いに異ならない場合，棒と円の両方の形状情報が領域Ⅱに重なってくる．棒としての形状のファクターは q^{-1} で効いてくるので，式 (5.16) による cross-section plot によって円柱の断面の回転半径 R_c を求めることができる．

$$\ln(I(q)q) = \ln(I(0)q) - \frac{R_c^2}{2}q^2 \quad (5.16)$$

このプロットでは，散乱強度に q をかけて q^{-1} で効いてくる「棒」のファクターをキャンセルしてしまい「円」の形状を取り出し，この対数を q^2 に対してプロットして領域Ⅱでの直線の傾きから断面の回転半径 R_c を求める．このプロットで直線になるのは領域Ⅱの部分であること，傾きの係数が 1/2 であること，円柱の半径は $r = \sqrt{2}R_c$ であることに注意する．さらに通常の **Guinier** 則から R_g を求めれば円柱の高さ L を求められる．

円盤状粒子の場合は，cross-section plot と同様の考え方で，

$$\ln(I(q)q^2) = \ln(I(0)q^2) - R_f^2 q^2 \quad (5.17)$$

が成り立ち (thickness plot)，円盤状粒子の厚さ ($t = R_f$) を求められる．

5.2.4 領域Ⅲ〜界面の情報

領域Ⅲは粒子の大きさよりも小さなスケールで観察していて，散乱体の大きさや形は視野からはみ出してしまいわからない．そのかわり，粒子表面のでこぼこ加減をみることができる．シャープな界面であれば，$I(q) \sim q^{-4}$ という **Porod** 則が成り立つため，Porod 領域とよぶ．表面が平滑であれば Porod 則より $I(q) \sim q^{-4}$ であり，荒れている場合は指数が $-3 \sim -4$ の間の値となる．これは表面のフラクタル的性質を反映しており，表面フラクタル次元 D_s と指数 $-\alpha$ には $D_s = 6 - \alpha$ という関係がある．α が 4 以上になる場合は「界面の厚み」の効果のためと考えられている．

参考文献
1) 日本化学会 編,"コロイド科学IV コロイド化学実験法",第3章,東京化学同人(1996)

5.3 小角X線散乱によるミクロ相分離構造の同定

> この節のキーワード:
> ミクロ相分離構造,小角X線散乱,散乱ベクトル

5.3.1 ミクロ相分離構造

2種（以上）の混じり合わない高分子（セグメント）を共有結合で連結したブロック共重合体（📖▶ p.12）では,各セグメントどうしがそれぞれ集まってドメインを形成し,ミクロに相分離する.このミクロ相分離現象は,各セグメントの混合物を共有結合での連結の制約の下で相分離させたものとみることができる.セグメントの長さがそろった共重合体では,各セグメント鎖の長さや各成分どうしの相溶性（📖▶ p.172）に応じて,図5.5に示す規則構造（**ミクロ相分離構造**）を形成する.A-Bブロック共重合体の場合,成分の組成によって,分率の少ない成分量の増加にともない,球状,棒状,層状へと変化する.

これらミクロ相分離構造のサイズは,高分子鎖一本の長さ程度であり,これらの構造からは散乱角 $2\theta < 5°$ の散乱角度領域に散乱が現れることが期待される.このような小角領域の散乱を測定するには,ビームを細く絞り,ダイレクトビーム近くのバックグラウンドを下げるように

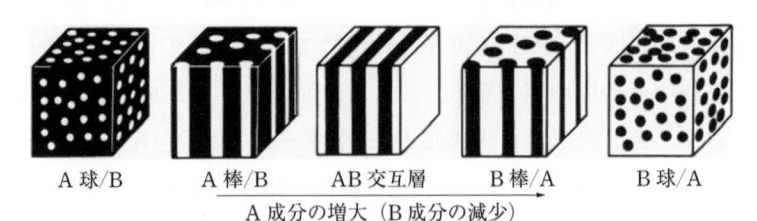

図 5.5 A-Bジブロック共重合体が形成するモルフォロジー

A球/B　A棒/B　AB交互層　B棒/A　B球/A
A成分の増大（B成分の減少）

工夫した**小角 X 線散乱**（SAXS）測定装置が用いられる．

SAXS では，**散乱ベクトル**の大きさ q

$$q = \frac{4\pi \sin\theta}{\lambda} \tag{5.18}$$

に対して，散乱 X 線強度を示す．面間隔 d は q から $d=2\pi/q$ で算出できる．

5.3.2 小角散乱法によるミクロ相分離構造の判別[1)]

表 5.3 に種々の相分離構造とそれらが示す散乱ピーク位置の q の比（もっとも q が小さい散乱ピークの位置を q^* としたときの，q/q^* の値）を示した．球状は単純立方，体心立方格子の場合は同じ q/q^* を与えるので，ピーク位置の比からだけではどちらであるかは判別できない．

それぞれの相分離構造における球，棒，層の間隔 D は $d_1=2\pi/q^*$ と次のような関係にある．

　　　ラメラ：$D=d_1$
　　　シリンダー：$D=\sqrt{4/3}\,d_1$
　　　球（単純立方）：$D=d_1$

表 5.3 ミクロドメインのモルフォロジーと Bragg 反射位置の関係

モルフォロジー	ピーク位置の q の比 (q/q^*) （格子面の Miller 指数）
ラメラ	$1:2:3:4:\cdots$ (1) (2) (3) (4)
シリンダー（六方）	$1:\sqrt{3}:\sqrt{4}:\sqrt{7}:\sqrt{9}:\cdots$ (10) (11) (20) (21)
球（単純立方）	$1:\sqrt{2}:\sqrt{3}:\sqrt{4}:\cdots$ (100) (110) (111) (200)
球（体心立方）	$1:\sqrt{2}:\sqrt{3}:\sqrt{4}:\cdots$ (110) (200) (211) (220)
球（面心立法）	$1:\sqrt{4/3}:\sqrt{8/3}:\sqrt{11/3}:\cdots$ (111) (200) (220) (311)

球（体心立方）：$D = \sqrt{3/2}\, d_1$

5.3.3 構造因子による散乱ピークの消滅，粒子散乱ピークの出現

ミクロ相分離構造をSAXSで測定した結果を図5.6に示す．このプロファイルには次の三つの特徴がある．

(1) $q/q^* = 1 : \sqrt{3} : \sqrt{4} : \sqrt{7} : \sqrt{9}$ の位置に散乱ピークが観測される．

(2) 観測されているピークの形状はブロードであり，$q/q^* > \sqrt{9}$ のピークは観測されない．

(3) $q/q^* = \sqrt{4}$ のピーク強度がきわめて小さい．

(1) から，**ミクロ相分離構造**は六方充てんした柱状相であることがわかる．

(2) は，格子の不完全性とドメインサイズの小ささのためである．

(3) は散乱体の形状の影響である．X線散乱の強度は一般に，構造因子 $P(q)$ と六方格子の格子因子 $Z(q)$ の2乗の積 $(P(q)Z^2(q))$ となる．半径 R で長さが十分に長い円柱の $P(q)$ は

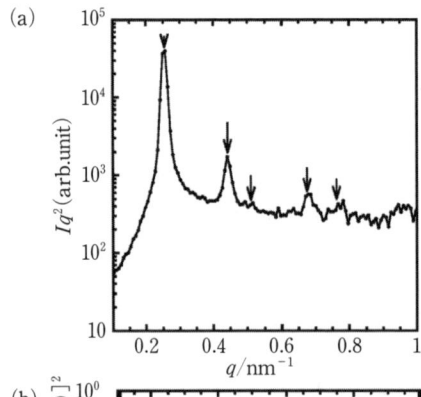

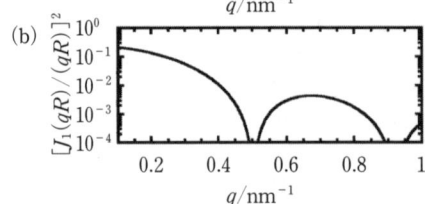

図 5.6 (a) シリンダーミクロドメインを形成するジブロック共重合体の SAXS プロファイル，(b) 半径 $R = 7.6$ nm の長いシリンダーの構造因子[2)]

$$P(q) = \left[\frac{J_1(qR)}{qR}\right]^2 \tag{5.19}$$

である（図5.6(b)）．ここで J_1 は第1種の Bessel 関数である．$q/q^* = \sqrt{4}$ の反射の消滅をもたらす $P(q)$ から，円柱の半径は 7.6 nm と推定される．

構造因子は，格子による散乱極大よりも広角側にブロードな散乱極大をもたらすことがある[1]．

5.3.4 層状構造からの散乱[3]

ラメラ相からの散乱極大からは，二つの層（A，B）の厚みの合計（$d = d_A + d_B$）のみが得られるけれども，式（5.20）によって測定強度 $I(q)$ から一次元電子密度相関関数 $\gamma_1(x)$ を求めると，それぞれの層の厚さを求めることができる．

$$\gamma_1(x) = \frac{\int_0^\infty 4\pi q^2 I(q) \cos qx \, dq}{\int_0^\infty 4\pi q^2 I(q) \, dq} \tag{5.20}$$

$\gamma_1(x)$ を x に対してプロットすると，

  OA $= 1$
  BD $= d_a = \phi_a d$（$\phi_a < 0.5$ のとき）
  BO $= \gamma_1(d_a) = \phi_a/\phi_b$
  BA $= 1/\phi_b$
  OC $= \phi_a \phi_b d$

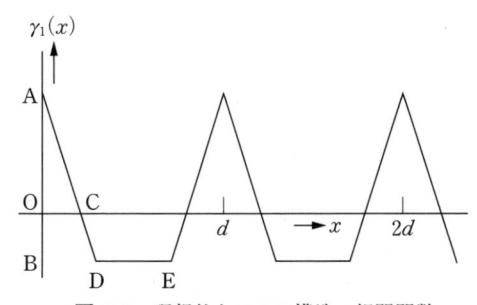

図 5.7 理想的なラメラ構造の相関関数

$$\text{AD の傾き} = -1/(\phi_a \phi_b d)$$

となる．また，一番はじめに現れる $\gamma_1(x)$ の極大の位置が長周期になる（図 5.7）．この手法は，結晶層と非晶層からなる結晶性高分子のラメラ構造の解析にも利用できる．

参考文献
1) 高分子学会 編，"新高分子実験学 6 高分子の構造—散乱実験と形態観察"，2.2 節，共立出版（1997）
2) M. Tokita, *et al.*, *Jpn. J. Appl. Phys.*, **45**, 9152（2006）
3) G. R. ストローブル（深尾，宮本，宮地，林 訳），"高分子の物理"，付録 A.4.2，シュプリンガーフェアラーク東京（1998）

5.4 実空間観察

> この節のキーワード：
> 実空間，逆空間，Fourier 変換，透過型電子顕微鏡，走査プローブ顕微鏡，原子間力顕微鏡

5.4.1 実空間と逆空間

高校の物理を思い出してほしい．そこで光の回折について学んだことと思う．そこでは回折格子の周期を d，光の波長を λ，格子と回折によって生じた干渉縞を映し出すスクリーンの間の距離を L，スクリーン上に映し出された干渉縞の周期を $\varDelta$ とすると，

$$\varDelta = \frac{\lambda L}{d} \tag{5.21}$$

と書けることを学んだのだった．この式が成立するために，$L \gg d$ という条件が必要だったことを覚えている人もいるかもしれない．この条件は Fraunhofer 回折条件とよばれるものである．この式（5.21）を見るとおもしろいことがわかる．$\varDelta$ と d は反比例の関係にあるのである．

間隔の狭い格子ほど干渉縞の間隔は広い．光，一般に波動の回折とはそういうものである．感の鋭い人は X 線回折パターンを思い浮かべてくれていると思う．物体の中にはさまざまな周期構造が存在しうる．したがって，干渉縞の周期もそれだけバリエーションが生じる．それを詳細に調べることで，もともとの物体がもっていた周期構造を解析するわけである．物体の存在する空間を**実空間**とよぶのに対して，回折パターンの空間を**逆空間**とよぶのは d と $\varDelta$ の反比例関係に起因している．

さらに突っ込んでいえば，**逆空間は実空間を Fourier 変換**したものになっている．**Fourier 変換**というと難しい数学の世界のもののように聞こえるかもしれないが，周期構造抽出機能と思えばさほど大したことではない．実際，回折パターンを強度まで含めて考えた真面目な式は，**実空間**形状の **Fourier 変換**式になっている．5.2 節の式（5.12）が実例である．

5.4.2 レンズと Fourier 変換

回折現象と **Fourier 変換**の間の上記の関係が理解できれば，「レンズが **Fourier 変換**装置である」という命題を理解するのもやさしい．まず光が物体に照射され回折が起こることで，**実空間**形状の **Fourier 変換**の空間周波数（$\varDelta$ の逆数に相当する）は回折角 2θ に変換される．レンズでは同じ角度で入射した光が，焦点で同じ位置に到達するので，遠方に置かれたスクリーンと同様，焦点面に回折パターンが生じるのである．**実空間**の（倒立）像が焦点面よりも後方に結ばれることは周知の事実だと思うが，焦点面が**逆空間**になっていることは意外に理解されていないのではないかと思う．光にかぎらず電子線，X 線，中性子線でも，それに対するレンズが存在するならば顕微鏡（そして望遠鏡）はつくれるのである．実際，**透過型電子顕微鏡**では蛍光スクリーンの位置を調節することで電子線回折パターンを表示させることができる装置も存在する．

以上述べてきたことから，前の 5.1 節から 5.3 節までで述べてきた散

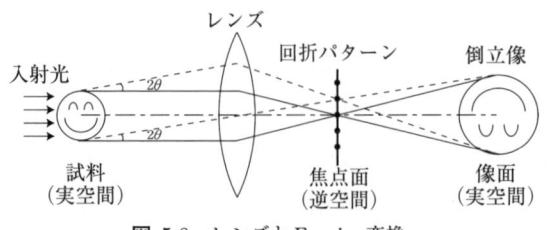

図 5.8 レンズと Fourier 変換

乱あるいは回折，すなわち**逆空間**観察と**実空間**観察は **Fourier 変換**で結びついている表裏一体のものであることが理解できる．**実空間**観察できる装置には，光学顕微鏡，電子顕微鏡，X 線顕微鏡，また一般的ではないが中性子顕微鏡などさまざま存在する．それぞれを空間分解能すなわち波長が異なる線源を利用する顕微鏡であるとしてのみ理解するのではなく，ここで議論したように統一的に理解することが重要である．その上で何が違うのか，すなわち何が何とどんな相互作用をして散乱されるのか，という本質を理解するとさらに理解が深まろうというものである．

5.4.3 走査プローブ顕微鏡

ここまで述べてきた波動の回折現象とはまったく異なる原理で動作する顕微鏡がある．図 5.9(a) に模式的に示したようにプローブとよばれる微小な物体を表面上で走査し，プローブと物体の間に働く何らかの相互作用を検知しながら表面の二次元画像を取得するものである．その画像は相互作用量そのものの二次元空間分布を与える．もしその相互作用量がプローブ-試料間距離に敏感ならば，図 5.9(b) のようにそれを一定に保つようにプローブを表面上でなぞらせるよう制御することも可能で，その場合にはプローブの位置情報がそのまま試料表面の凹凸像にもなる．このような機構で動作する顕微鏡を一般的に**走査プローブ顕微鏡**[1]と名づけている．歴史的には導電性のある試料と導電性プローブの間のトンネル電流を相互作用量として用いる走査トンネル顕微鏡が先に

5.4 実空間観察

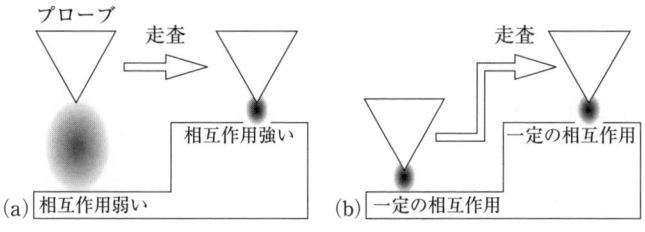

図 5.9 走査プローブ顕微鏡の原理

(a) 相互作用弱い／相互作用強い
(b) 一定の相互作用

世に出たが，高分子材料を相手にする場合には試料とプローブの間に働くさまざまな力を相互作用量とする**原子間力顕微鏡**が用いられることが多い．

5.4.4 原子間力顕微鏡

原子間力顕微鏡のプローブには先端の鋭い探針が利用され，力の検出にはその探針を先端に取り付けた片持ち梁（カンチレバー）の反りが用いられる．力としては電気力，磁気力など特殊な相互作用力を用いることも可能であるが，一般的には分子間力が用いられる．探針先端の鋭さと相互作用力の距離依存性が分解能に大きく関わるし，分子間力といってもその正体は双極子相互作用，水素結合，イオン間相互作用，van der Waals 力などさまざまで，それらが複雑にからみ合うため，分光学的な利用は一部の高分解能顕微鏡で実現しているにすぎない．将来の更なる発展に期待するところである．

上述のような理由から，原子・分子レベルの分解能を高分子材料で実現することは非常に難しい．高分子単結晶や基板上に秩序だって整列した高分子薄膜では分子分解能をもつ画像が観察されることもあるが[2]，一般に**原子間力顕微鏡**はアモルファス状態にある試料を観察することが苦手である．高分子材料の場合は，2.3 節や 2.5 節で説明したガラス状態にしてもゴム状態にしても不定形であり，ゴム状態では分子鎖配置は時々刻々変化しているので難しさはなおさらである．

5.4.5 原子間力顕微鏡の触診技術としての利用

原子間力顕微鏡では，画像取得の際に表面と接触して力を及ぼし合う．この影響が小さい場合には画像は真の表面形状を表していると考えて差し支えないが，相手が高分子のようなソフトマテリアルになるとプローブが与える微弱な力でも試料表面は容易に変形してしまう．たとえば 10 nm の直径のパンチ型プローブで 0.1～10 nN の力を試料に加えた場合，応力は 1.3～130 MPa であり Young 率が GPa オーダーのプラスチックならよいが，MPa オーダーのゴムや kPa オーダーのゲルなどの材料は変形を免れない．先端の鋭いプローブではこの効果は一層深刻である．

これを深刻な問題ととらえるかむしろ利点ととらえるかは何を測定しようとしているかで変わる．試料の凹凸をできるだけ正確になぞりたいのであれば相互作用力はできるだけ抑える必要がある．一方，表面と直接接触しているからこそ表面の弾性計測ができるのだと考える立場をとることもできる．表面にプローブを押しつけ，試料の変形量と応力を測定することでそのような力学情報を得ようとするものである．医師が指で触診するのと同じようにプローブで試料表面の弾性測定を行うことが可能となる．ナノ触診技術とよんでもよい技術である．この技術の究極の応用として，高分子鎖一本のナノフィッシング（▶ p. 49）がある．

5.4.6 弾性計測および粘弾性計測

原子間力顕微鏡を用いて試料表面の弾性計測を行う際には，一般に探針を球状あるいは円錐状などと仮定して，それと弾性体表面の接触を扱う巨視的理論を用いている．とくに弾性接触以外の効果を考えない場合には Hertz 接触力学を用いる．詳細は参考書[3]に譲るが，探針の曲率半径を R，試料の Young 率，Poisson 比をそれぞれ E，ν とすると試料の変形量 δ と試料にかかった力 F の間には

$$F = \frac{4}{3}\frac{E\sqrt{R}}{1-\nu^2}\delta^{3/2} = K\sqrt{R}\delta^{3/2} \qquad (5.22)$$

の関係が存在するので,ここから試料表面のYoung率マッピングが実現できる.凝着の効果が無視できない場合はJohnson, Kendall, RobertsによってつくられたJKR理論を用いることもできる.この場合,関係式はやや複雑になり,

$$F = \frac{K}{R}a^3 - 3w\pi R - \sqrt{6w\pi RF + (3w\pi R)^2} \qquad (5.23)$$

$$\delta = \frac{a^2}{3R} + \frac{2F}{3aK} \qquad (5.24)$$

となる.ここでKは式(5.22)中で定義した弾性係数,aは接触半径,wは凝着エネルギーである.図5.10(a)と(b)にHertz接触とJKR接触のそれぞれの場合のF-δの関係を示す.Hertz接触では押し込み過程と引き離し過程が完全に一致するが,JKR接触では引き離し過程で強い凝着力が観察される.

試料が弾性体近似できる場合には上記の式で解析可能であるが,高分子は基本的に粘弾性(⇒ p.35)体であるので必ずしもこの解析はうまくいかない.図5.10(c)に示したようなカーブがしばしば得られるが,このカーブをうまく再現する理論を構築するのは現在でもホットト

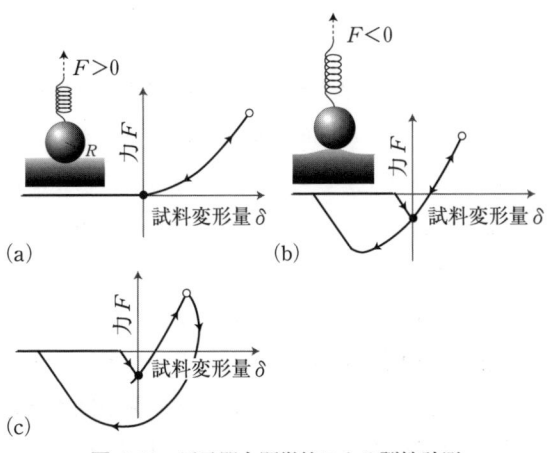

図 5.10 原子間力顕微鏡による弾性計測

ピックである．興味深いことに粘弾性体試料では探針を押し付ける側から戻す側に移行しても（境界は図中の白丸），いまだ試料が押されていると感じ試料変形が続く現象が観測される．このような現象は，Maxwell模型（📖▶ p.36）などの粘弾性を記述するためのモデル系でも生じるものであるので，このようなカーブが得られる際には試料が粘弾性応答しているとみなすべきである．なお**原子間力顕微鏡**を用いて，動的粘弾性（📖▶ p.38）計測を試みる事例もあり，今後の発展に期待したい．

参考文献
1) たとえば，重川秀実 ほか 編，"走査プローブ顕微鏡と局所分光"，2章，裳華房 (2005)
2) J. Kumaki, *et al.*, *Angew. Chem., Int. Ed.*, **46**, 5348 (2007)
3) 重川秀実 ほか 編，"走査プローブ顕微鏡 ―正しい実験とデータ解析のために必要なこと―"，発展編3章，共立出版 (2009)

コラム　三次元電子顕微鏡

試料を少しずつ回転させながら透過像を取得し，コンピュータートモグラフィーの手法を用いて，物体の三次元構造を再構成する三次元**透過型電子顕微鏡**（TEMT）が近年盛んに高分子材料に活用されるようになってきている．従来の**透過型電子顕微鏡**では薄片試料の内部を透過した電子のいわば二次元的投影画像を観察できるだけであったので，電子線の進行方向すなわち試料の深さ方向の情報は捨てられてしまうしかなかった．それではたとえば高分子試料中に分散している分散剤の大きさや分散剤間の距離などの定量測定は不可能であり，それを解決できるこの手法に大きな期待がかかっているのである．電子顕微鏡画像と**原子間力顕微鏡**画像の比較においても，従来の電子顕微鏡とでは分散相の量などが表面だけを観察する**原子間力顕微鏡**と大きく異なっており難しい問題であった．一方，TEMTでは三次元再構

成された画像からコンピューター処理によって断面画像を得ることができるので，比較がより容易になった．

5.5 複屈折測定

この節のキーワード：
複屈折，リターデーション，平行ニコル法，Senarmont 法

　高分子は鎖状分子であるため，配向させることにより容易に複屈折（▶ p. 73）を生じる．そのため複屈折を評価することは光学用途での利用のみならず，高分子の配向状態を評価する上で重要である．ここでは複屈折の測定法について紹介し，各方法により測定を行う上での注意点などについて述べる．

　複屈折を測定する方法としては，Abbe 屈折計のような臨界角を利用した屈折率測定法[1]を用い，直線偏光を試料に入射することで各方向の屈折率を求め，それらの差から複屈折を求めることができる（Abbe 屈折計，プリズムカプラーともに複屈折を測定可能であるが，試料の屈折率楕円体（▶ p. 73）の主軸方向と直線偏光の偏光方向とが一致するように光を入射する必要がある）．

　以下ではこのような屈折率測定から複屈折を求める方法ではなく，直接複屈折を測定する方法について紹介する．

5.5.1　Senarmont 法

　図 5.11 に示すように，検出器側から順に，検光子，$\lambda/4$ 板，試料（複屈折体），偏光子，光源（単色）のような配置で測定を行う．このとき，偏光子の透過軸と $\lambda/4$ 板の屈折率楕円体の主軸が一致するように配置し，さらに試料の主軸がそれと 45° の角度をなすようにする（どちらの操作も，直交ニコルあるいは平行ニコル下において $\lambda/4$ 板あるい

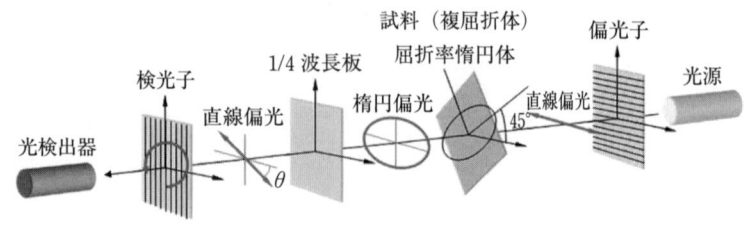

図 5.11 Senarmont 法の測定系の概略図

は試料をそれぞれ回転させ，偏光板の透過軸と主軸方向が一致する位置を探す．試料についてはそこから 45°回転させる）．このような配置の場合，光源からの光は偏光子で直線偏光となり，試料を通った際に楕円偏光となる．さらに λ/4 板を通った光は再び直線偏光となるが，複屈折体である試料中で生じた位相差 δ [rad] に応じて偏光方向が偏光子の透過軸方向に対して $\theta=\delta/2$ だけ回転する．この角度 θ を測定することにより，**リターデーション** Re （$=\Delta n\cdot d$，Δn：複屈折，d：厚さ）を次式により求めることができる．

$$Re = \frac{\delta}{2\pi}\lambda = \frac{\theta}{\pi}\lambda \qquad (5.25)$$

ここで λ は波長である．ただし，測定時に θ と $\theta+m\pi$（m：整数）を区別できないため，$\delta>2\pi$ であるような大きな複屈折をもつ試料であっても，測定値としては $0\leq\delta<2\pi$ の範囲内の値しか得ることができない．

5.5.2 平行ニコル法[2]

平行ニコルに配置した 2 枚の偏光板の間に試料（複屈折体）を置き，2 枚の偏光板を同時に回転（あるいは試料を回転）させたときの透過光強度 $I(\theta)$ は次式のように表される．

$$I(\theta) = I_0 \left\{ \cos^4(\theta-\phi) + \sin^4(\theta-\phi) + \frac{1}{2}\sin^2 2(\theta-\phi)\cos\delta \right\}$$

$$(5.26)$$

5.5 複屈折測定

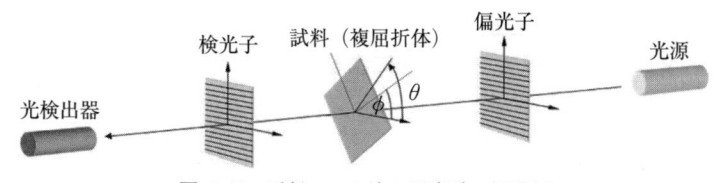

図 5.12 平行ニコル法の測定系の概略図

ここで，I_0：入射光強度，θ：偏光板の回転角度，ϕ：試料の主軸の初期角度（偏光板の透過軸の初期位置とのなす角），δ：位相差 [rad] である．したがって，Re は次式によって求めることができる．

$$C \equiv \cos\delta = \frac{1}{2}(4I_{\phi+\pi/4}/I_{\phi+\pi/2} - 1) \tag{5.27}$$

n：偶数のとき　　$Re = (-1)^{m+1}\dfrac{\lambda}{2\pi}\cos^{-1}C + \dfrac{m\lambda}{2}$ (5.28)

n：奇数のとき　　$Re = (-1)^{m+1}\dfrac{\lambda}{2\pi}\cos^{-1}C + \dfrac{(m-1)\lambda}{2}$ (5.29)

このように，平行ニコル法においても Senarmont 法と同様，大きなリターデーションを測定できないという問題がある．ただし，市販の測定装置では多波長におけるリターデーションの値の比較から，次数 n を推定することができるようになっている．詳細については後で述べる．

平行ニコル法では Senarmont 法とは異なり，試料の屈折率楕円体の主軸の向きによらず測定が可能であるため測定が簡便であり，また屈折率楕円体の向きに分布があるような試料の測定も可能である．

実際に測定を行う際には，角度 θ を連続的に変化させて光強度分布を測定することにより $I_{\phi+\pi/4}$ と $I_{\phi+\pi/2}$ を求め Re を見積もってもよいが，三つ以上の角度 θ における光透過率を測定し，上式でフィッティングすることによって Re を見積もることができるため，たとえば光検出器を取り付けた偏光顕微鏡（干渉フィルターなどにより単色化した光を用いる）とカーブフィッティング可能なソフトウェアを用いることにより簡便に複屈折を測定することが可能である．

5.5.3 Berek コンペンセーターによる方法[3]

Berek コンペンセーターとは，方解石あるいはフッ化マグネシウムを光軸に垂直に切り出したもので，この結晶を傾けることによりリターデーションの大きさを変えられるようにしたものである．これにより，偏光顕微鏡下でコンペンセーターのリターデーションが試料のそれと符号が逆で大きさが同じになるように調整して相殺させることにより，試料のリターデーションを求める方法である．Senarmont 法や平行ニコル法とは異なり，Berek コンペンセーターを用いた場合，10 000 nm 程度までのリターデーションを測定可能である．ただし，コンペンセーターと試料の複屈折の波長分散が大きく異なっている場合には，大きなリターデーションを有する試料では相殺することができず測定できない．

5.5.4 透過光強度の波長分散による方法

直交ニコル下で複屈折性の試料に白色光を照射した場合，透過光強度は光の波長によって異なり，

$$I_\perp(\lambda) = I_{\perp 0}\sin^2(2\theta)\sin^2\left(\frac{\delta}{2}\right) \propto I_0 \sin^2\left(\frac{\pi Re}{\lambda}\right) \quad (5.30)$$

のようになる（$I_\perp$：直交ニコル下における透過光強度）．平行ニコル下における強度を $I_\parallel$ と表すと，$I_\perp/(I_\perp+I_\parallel)$ を上式でフィッティングすることによりリターデーションを求めることができる．ただし，一般に物質の複屈折は可視光域では短波長側で大きくなる傾向があり，このような波長による複屈折値の差（波長分散）が大きい場合には，

$$\Delta n = \Delta n_0 \left(1 + \frac{a}{\lambda^2} + \frac{b}{\lambda^4}\right) \quad (5.31)$$

を $Re = \Delta n \cdot d$ に適用した式

$$I \propto I_0 \sin^2\left\{\pi Re_0\left(\frac{1}{\lambda} + \frac{a}{\lambda^3} + \frac{b}{\lambda^5}\right)\right\} \quad (5.32)$$

（$Re_0 = \Delta n_0 \cdot d$）でフィッティングを行うことにより，

$$Re = \Delta n_0 \left(1 + \frac{a}{\lambda^2} + \frac{b}{\lambda^4}\right) \cdot d \qquad (5.33)$$

を見積もることができる．

5.5.5 複屈折測定上の注意

Senarmont法や平行ニコル法では基本的には大きなリターデーション値の測定はできない．ただし，長波長側の複数の波長におけるリターデーションの測定から各次数 m におけるリターデーション値を計算し，各波長での値がほぼ同じになる次数を探すことにより，大きなリターデーションを見積もることは可能である．たとえばSenarmont法を使用した場合，測定データとしては図5.13の1次のデータが得られる．しかしながら，逆分散になっている上に400 nmのデータのみ値が不連続になっている．そこで順次高次の項を計算するわけであるが，これは波長ごとに，$Re_{1次}+m\lambda$ と $(\lambda-Re_{1次})+m\lambda$（$m$ は整数）を計算して昇順に並べていくことで得られる．これを図5.13のようにプロットし，（ホモポリマー単体の場合）正常分散となるような連続したデータを選択することで，真のリターデーションを見積もることができる（図5.13の実線でフィッティングしたデータ）．しかしながら，リターデーションが数千nm以上の大きい値をとる場合には必ずしも真の値を与えない場合があるため，Berekコンペンセーターなどの直接大きなリタ

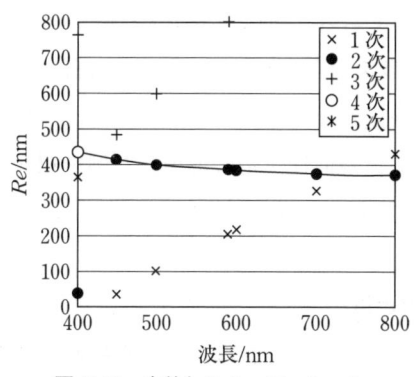

図 5.13 次数とリターデーション

ーデーション値を求めることのできる方法と併用することにより，正確な値を見積もる必要がある．

参考文献
1) 日本化学会 編, "新実験化学講座 1-[I]", pp. 144-147, 丸善（1975）
2) http://www.oji-keisoku.co.jp/products/kobra/reference.html
3) 粟屋 裕, "高分子素材の偏光顕微鏡入門", pp. 85-94, アグネ技術センター（2001）

5.6 核磁気共鳴（NMR）

> この節のキーワード：
> 核磁気共鳴（NMR），化学シフト，遮蔽効果

　NMR というと，有機合成における反応生成物の同定に使われるものというイメージが強いのではないだろうか．どのような化学構造が生成しているかは化学シフトから直接的に知ることができる．NMR は高分子構造解析でも重要な手法の一つである．モノマーユニットの化学構造はもちろんのこと，末端定量による分子量の決定や，立体規則性（🔗 p. 9），頭-尾結合（🔗 p. 8），幾何異性などのコンフィギュレーション（🔗 p. 12），共重合体における連鎖分布に関する情報を得るにはNMR は有力な手法である．生体高分子の分野では，さまざまなパルスシーケンスによる多次元 NMR 法を通して，ほぼルーチン的にタンパク質の高次構造の決定がなされている．ここでは，NMR について概説した後，高分子の立体規則性決定に応用した例を紹介する．NMR については，他書[1,2]を参照していただきたい．

5.6.1 核磁気共鳴とは

　正の電荷をもち自転する原子核は，小さな磁石（核スピン）とみなす

ことができる．したがって，物質はこの微小磁石が無数に集まった大集合体と考えることができる．物質を強力な外部磁場中に置くと，これら微小磁石は，外部磁場に沿った方向と逆方向の2種類の状態に分かれる．外部磁場と逆方向の磁石のほうが磁場に逆らっているから，沿った方向の磁石よりエネルギーは高い．Boltzmann分布則に従い，高いエネルギーをもつ磁石の数はわずかに少なくなる．この二つのエネルギー差ΔEに相当するエネルギーを周波数ν（Larmor周波数）の電磁波を照射することで与えると，低いエネルギー準位にあるわずかに過剰の磁石は上のエネルギー準位に跳ね上がることができる．この現象を**核磁気共鳴（NMR）**という．NMRが観測されるためには，原子核のスピン量子数Iが0でないことが絶対必須条件である．高分子中に多く含まれる水素や炭素に関しては，^{12}CのIは0であるが，^1Hや^{13}CのIは1/2であるのでNMRにより観測可能である．

5.6.2 化学シフト

原子核が実際に感じる磁場の強さは，そのまわりを回る電子が発生する電磁場などの影響で外部磁場よりも強くなったり，弱くなったりする．この原子核を取り巻く電子環境の変化によりνが変化する効果を**遮蔽効果**とよぶ．原子核を取り巻く電子構造は化学結合によって変化するので，NMRスペクトルから化学結合に関する情報が得られる，つまり化合物の同定ができる．

NMRスペクトルの横軸は**化学シフト** δ で示す．δ は物質中の原子核のνと基準物質中の原子核のν（ν_{ref}）との差$\Delta\nu = \nu - \nu_{ref}$を$\nu_{ref}$で割った値，$\Delta\nu/\nu_{ref}$である．横軸を$\delta = (\Delta\nu/\nu_{ref}) \times 10^6$で示すのは，$\Delta\nu$の値が外部磁場の大きさ（測定する装置の磁場強度）に比例するからである．^1H, ^{13}CのNMRの化学シフト基準物質は通常テトラメチルシラン（$(CH_3)_4Si$, TMS；$\delta = 0$ ppm）を用い，^1Hで$\delta = -1 \sim 12$ ppm, ^{13}Cで$\delta = -5 \sim 230$ ppmの範囲にほぼすべての有機化合物のシグナルが現れる．化学結合を経て結ばれている原子核のスピンどうしは相互作用

（スピン-スピン結合）し，シグナルの分裂を生じる場合もある．

原子核のまわりの電子構造は，化学結合だけでなく，立体規則性（▶ p. 9）（タクティシティー），コンフォメーション（▶ p. 14），結晶のパッキングの違いなどによっても変化する．これらの情報は，GaussianやGamessなどの *ab initio* 量子化学計算パッケージを用いたδの理論計算結果と，実験値との比較によって詳細に得ることができるようになってきている．本節では立体規則性の定量を紹介する．

5.6.3 NMRによる立体規則性の評価

^{1}H-NMRによるポリメタクリル酸メチル（PMMA）の立体規則性を^{1}H-NMRで決定しよう．^{1}H-NMRスペクトルの概略を図5.14に示す．$\delta=0$のシグナルはTMSに由来する．それぞれのピークの帰属は図5.14に示すとおりである．メチレンプロトンBとメチルプロトンCがいくつかのシグナルに分裂しているのは立体規則性およびプロトンどうしのスピン-スピン結合によるものである．

まず，ダイアッド（二連子）（▶ p. 10）を考える．図5.15を見てもらえばわかるように，二つの主鎖メチレンプロトンは，ラセモ（r）（▶ p. 10）では等価である一方，メソ（m）（▶ p. 10）では非等価である．したがって，rダイアッドのメチレンプロトンaのシグナルは1本である一方，mダイアッドのメチレンプロトンa, bは非等価であ

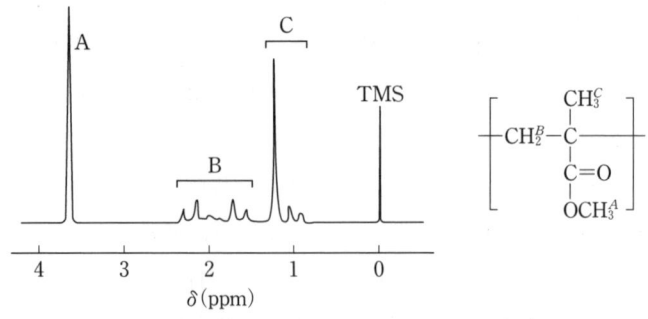

図 5.14 PMMAの溶液^{1}H-NMRスペクトルの概略（100 MHz，溶媒：CD_3NO_2，100°C）

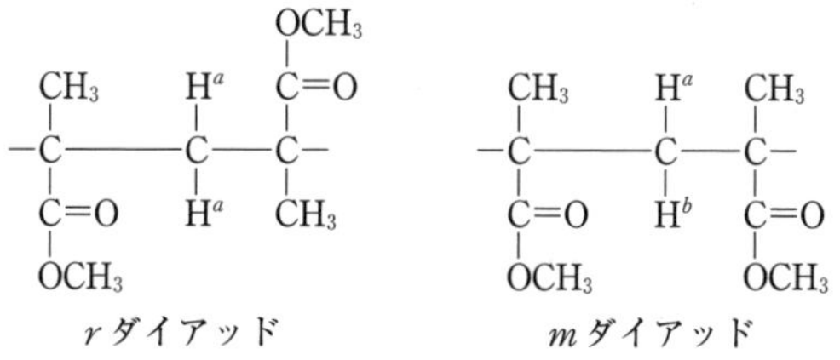

```
      CH₃   Hᵃ   C=O              CH₃   Hᵃ   CH₃
       |    |    |                 |    |    |
      -C----C----C-               -C----C----C-
       |    |    |                 |    |    |
      C=O   Hᵃ   CH₃              C=O   Hᵇ   C=O
       |                           |         |
      OCH₃                        OCH₃      OCH₃

         r ダイアッド                 m ダイアッド
```

図 5.15 PMMA のダイアッド

り，さらにプロトン a, b 間のスピン-スピン結合によりそれぞれが 2 本に分裂し，合計 4 本のシグナルが観測される．図 5.14 の B 領域において，主なピークが 4 本観測されているので，この PMMA は m ダイアッドを多く含むことがわかる．このように，β 炭素に結合したプロトンのシグナルから偶数連子，つまり，ダイアッド (m, r) などの知見が得られる．

次に，トリアッド（三連子）(▶ p.10) を考える（図 5.16）．ダイアッドとして m を多く含んでいることをもとにして，図 5.14 の C のシグナル強度の大小から，低磁場側より（左から右に），mm, mr,

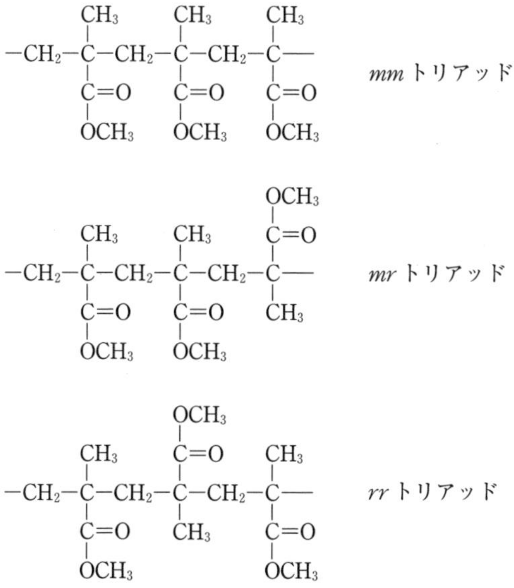

```
         CH₃      CH₃      CH₃
          |        |        |
   -CH₂-C-CH₂-C-CH₂-C-               mm トリアッド
          |        |        |
         C=O      C=O      C=O
          |        |        |
         OCH₃    OCH₃     OCH₃


                          OCH₃
                           |
         CH₃      CH₃      C=O
          |        |        |
   -CH₂-C-CH₂-C-CH₂-C-               mr トリアッド
          |        |        |
         C=O      C=O      CH₃
          |        |
         OCH₃    OCH₃


                  OCH₃
                   |
         CH₃      C=O      CH₃
          |        |        |
   -CH₂-C-CH₂-C-CH₂-C-               rr トリアッド
          |        |        |
         C=O      CH₃      C=O
          |                 |
         OCH₃             OCH₃
```

図 5.16 PMMA のトリアッド

rr トリアッドに帰属できる．a 置換基または a 炭素に結合したプロトンのシグナルからは奇数連子，つまり，トリアッド（mm, mr, rr）などの知見が得られる．メチル水素はすべて等価なのでプロトンどうしのスピン-スピン結合は観測されない．

各トリアッドの分率は C の 3 本のシグナルの面積比から求められる．その比が 72：18：10 であるとき，トリアッドの分率は，（mm）が 0.72,（mr）が 0.18,（rr）が 0.10 となる．この値をもとにダイアッドの分率は，

$$(m) = (mm) + (mr)/2 = 0.81 \quad (5.34)$$

$$(r) = (rr) + (mr)/2 = 0.19 \quad (5.35)$$

と求められる．この値は B 領域のメチレンプロトンのシグナル面積比から求められるダイアッドの分率と一致するはずである．

より高磁場における高分解能 NMR スペクトルからは，7 連鎖程度までの分裂ピークが観測できる．さまざまな高分子の立体規則性と NMR スペクトルの関係は文献[3]にまとめられている．

参考文献

1) 日本化学会 編，"第 5 版 実験化学講座 8 NMR・ESR"，丸善（2006）
2) T. D. W. クラリッジ（竹内敬人，西川実希 訳），"有機化学のための高分解能 NMR テクニック"，講談社サイエンティフィク（2004）
3) K. Matsuzaki, T. Uryu, T. Asakura, "NMR spectroscopy and stereoregularity of polymers", Japan Scientific Societies Press, Tokyo, KARGER, Tokyo (1996)

6 章

機能性高分子材料

　今や高分子材料は，私たちの身のまわりのあらゆる場所で使われており，私たちは生活の中のいろいろな場面で，数多くの高分子の中から，その場その場に応じた高分子を使い分けている．それは高分子の「つながった」モノマーの種類と，そのつながり方が，高分子材料の性質を決めるためである．また1種類の高分子をそのまま使うだけでなく，いくつかを組み合わせて，特徴的な機能をもたせたりすることもできる．そこで本章では，材料としての高分子に着目し，高分子材料の分子構造やマクロな構造が生み出すさまざまな機能について，とくにホットな分野を中心に紹介する．

6.1 高分子の相溶性―Flory-Huggins 理論―

この節のキーワード：
ポリマーブレンド，混合自由エネルギー，混合エンタルピー，混合エントロピー，Flory-Huggins 理論，相溶性，相分離，配位エントロピー，相互作用パラメーター

　われわれの身のまわりにはさまざまな種類の高分子材料が使用されている．高分子の力学的・電磁気学的（光学的）・熱的・化学的特性などの各種特性は，高分子の種類によって異なっているが，これらの高分子を工業的に利用する場合，特定の用途に要求される特性を 100% 満たすような高分子を見出すことは困難であり，またそのような高分子がある場合でも，成形性に優れ，価格的に安価であることが要求される．そのため，比較的安価に各種特性を制御する手法として高分子どうしをブレンドしたり添加物を混合したりということが通常行われている．

　しかしながら，高分子どうしを混ぜ合わせた場合，多くの場合分子レベルで混ざり合うことはなく分離してしまう．そこで，本節ではまず，なぜ高分子どうしが混ざりにくいのかについて解説した後，混ざる場合と混ざらない場合とで**ポリマーブレンド**の特性がどのように異なるのか，その例を紹介する．

6.1.1 混合自由エネルギー

　2 種類の液体を混合したときに混ざるかどうかを考える際，混合の前後でのギブス自由エネルギーの変化 ΔG_{mix} を考えればよいことは物理化学を勉強した人ならば知っていることと思う．すなわち混合後のほうが混合前よりもエネルギーが低ければ（$\Delta G_{mix}<0$）自発的に混合が進み，高ければ（$\Delta G_{mix}>0$）混ざらない．**混合自由エネルギー** ΔG_{mix} は，混合によるエンタルピー変化（**混合エンタルピー**）ΔH_{mix} とエントロピ

一変化（**混合エントロピー**）ΔS_{mix} の項を用いて次式のよう表すことができる．

$$\Delta G_{mix} = \Delta H_{mix} - T\Delta S_{mix} \qquad (6.1)$$

分子のサイズが小さい場合，水にたらしたインクが自発的に拡散してよく混ざる例からもわかるように，**混合エントロピー**の増大により（$\Delta S_{mix} \gg 0$），混合することでエネルギーは大きく低下する．したがって，ΔH_{mix} が大きくない場合，すなわち化学構造のよく似た物質どうしは比較的よく混ざり合う．一方，水と油の混合では，水分子間には水素結合を形成するため大きな引力相互作用が存在するのに対し，油分子間および水-油分子間の相互作用はあまり大きくないため，エンタルピー的には混合するよりも分離したほうがエネルギーは低い（$\Delta H_{mix} \gg 0$）．この場合，エンタルピー項がエントロピー項よりも自由エネルギー変化に対する寄与が大きい（$\Delta H_{mix} > T\Delta S_{mix}$）ため $\Delta G_{mix} > 0$ となり，分離してしまう．高分子においても低分子液体と同様，式（6.1）で考えることができるが，分子量が大きいことによる効果を考慮しなければならない．以上のことを踏まえた上で，以下では高分子の混合系に関する理論としてよく知られている **Flory-Huggins 理論**[1,2] を通して高分子が混ざり合って一つの相を形成する能力（**相溶性**）がどのような因子によって影響を受けるかみていくことにより，高分子どうしがなぜ混ざり合いにくいかについて解説する．（Flory-Huggins 理論：高分子溶液における ΔG_{mix} についての格子モデルに基づいた理論．1942 年に Flory と Huggins によってそれぞれ独立に発表された．その後，高分子どうしの混合に拡張された．）

6.1.2 混合エントロピー

エントロピーは乱雑さの尺度であり，自発的に変化が生じるときエントロピーは大きくなる，すなわちより乱雑な状態へと変化する．ここではまず高分子溶液のエントロピーについて考える．図 6.1 のように高分子溶液を表す格子を考え，格子上での溶媒分子（○）と高分子（実線で

6.1 高分子の相溶性—Flory-Huggins 理論— 173

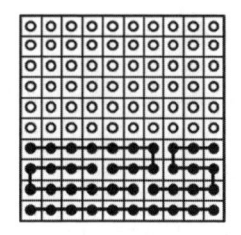

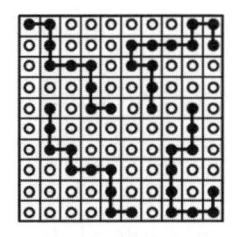

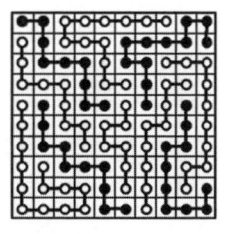

(a) 溶媒と高分子が分離　(b) 溶媒中に高分子が溶解　(c) ポリマーブレンド
図 6.1 溶媒と高分子の配位の例（格子モデル）
●：高分子セグメント，○：溶媒分子

連結されたセグメント●）の配位の仕方を考える．いま，高分子間，溶媒分子間および高分子-溶媒分子間の相互作用が等しいものと仮定すると，高分子が溶媒に溶けず完全に分離した場合（図6.1(a)）と，溶媒中に高分子が溶解した場合（図6.1(b) の状態はその一例）とでは，高分子が溶媒中にランダムに混ざっている状態のほうが圧倒的に生じる確率が高い．なぜならば，図6.1(a) の状態をとる確率も，図6.1(b) の状態をとる確率もともに同じではあるが，図6.1(b) と同様に溶媒中に高分子鎖が溶解している状態にはほかにも多くの場合があるため，それらが生じる確率も含めると，「溶媒中に高分子鎖がランダムに混ざっている状態」の生じる確率は「溶媒と高分子が分離（**相分離**）した状態」の生じる確率よりもはるかに大きいからである．すなわち，高分子鎖は溶媒中にランダムに混ざった状態を自発的にとりやすい．したがって，混ざり合うほうがエントロピーは増大することとなり，その結果式(6.1) からわかるように自由エネルギーは低下する．一方，高分子どうしを混合した場合（図6.1(c)），どちらの高分子も各セグメントが連結されているため，高分子溶媒に比べると配位の場合の数が圧倒的に少なくなってしまい，2種類の高分子が相分離した状態が生じる確率と，互いに混ざり合った状態が生じる確率の差が，高分子溶液の場合に比べると非常に小さくなってしまうことが容易に想像できる．

ここで，ポリマーブレンドに関する**混合エントロピー**は次式のように表されることが知られている．

$$\Delta S_{\text{mix}} = -k_{\text{B}} N \left\{ \frac{\phi_{\text{A}}}{n_{\text{A}}} \ln \phi_{\text{A}} + \frac{\phi_{\text{B}}}{n_{\text{B}}} \ln \phi_{\text{B}} \right\} \quad (6.2)$$

ここで，k_{B}：Boltzmann定数，N：格子点の数，ϕ_{A}, ϕ_{B}：高分子の体積分率，n_{A}, n_{B}：高分子の重合度，添え字のAとBは高分子の種類を表す．式から明らかなように，分子量が大きくなるとΔS_{mix}はほぼ0になってしまうため，高分子どうしを混合した際のエントロピー項の寄与による混合自由エネルギーの低下はほとんどない（ちなみに，高分子と溶媒，あるいは溶媒どうしの混合の場合には，式（6.2）においてn_{A}, n_{B}の一方または両方が1であるとみなせるので，混合エントロピーは大きくなる）．

ちなみに上記のように，分子やセグメントの配位の方法の数のみを考慮したエントロピーのことを**配位エントロピー**という．

6.1.3 混合エンタルピー

エンタルピーとは定圧下における系のエネルギーのことである．現実の溶液では分子の組合せによって分子間相互作用は異なっており，高分子Aと溶媒分子Bからなる高分子溶液では，A-A間，B-B間，A-B間の相互作用エネルギーの相対的な大小関係により，混合の前後における系のエネルギーは変化する．たとえば図6.1(a)では分子間の相互作用エネルギーはほとんど同種分子間のものであるが，図6.1(b)では高分子-溶媒分子間の相互作用が主である．この場合，高分子-溶媒分子間に水素結合のような特別な引力相互作用が働いてでもいないかぎりは，高分子-高分子間や溶媒分子-溶媒分子間の引力相互作用のほうが高分子-溶媒分子間のそれよりも大きく安定であるため，高分子と溶媒分子を混合すると**混合エンタルピー**は正になる．これは**ポリマーブレンド**においても同様である．**Flory-Huggins理論**では，分子間相互作用による混合エネルギー変化を無次元化した量として，**相互作用パラメーター** χ_{AB}を導入し，混合エンタルピーを次式のように表す．

$$\Delta H_{\text{mix}} = N k_{\text{B}} T \chi_{\text{AB}} \phi_{\text{A}} \phi_{\text{B}} \quad (6.3)$$

また，先に述べたように無極性分子どうしの場合には $\Delta H_{mix} \geq 0$，すなわち $\chi_{AB} \geq 0$ である．

6.1.4 ポリマーブレンドの混合自由エネルギー

これまでの説明から，混合前後での自由エネルギー変化に対して，エントロピーはエネルギー低下させるように作用するのに対し，無極性分子どうしの混合ではエンタルピーはエネルギーを上昇させるように作用することがわかる．したがって，エントロピー項とエンタルピー項の競合により，自発的に混合するかどうかが決まる．低分子どうしの混合では分子を配位させる場合の数が大きい，すなわちエントロピー項の寄与が大きいため，比較的構造の似た分子どうしであればよく混ざり合う（相溶）．一方，**ポリマーブレンド**の場合には，エントロピー項の寄与がほとんどないため $\Delta G_{mix} > 0$ となってしまい，高分子どうしでは化学構造の比較的よく似た組合せであっても混ざらない（非相溶）ことが多い．

実際のブレンドの相挙動については，上記のように配位エントロピーと分子間相互作用だけでは説明がつかない場合があるが，配位エントロピー以外の効果をすべて相互作用パラメーター χ に含めてしまうことにより，式 (6.1)〜(6.3) を用いることが可能である．

6.1.5 相溶性および非相溶性ポリマーブレンドの特性

これまでに高分子どうしは混ざり合いにくいことを示してきたが，工業的にブレンドを利用する際にはむしろ混ざり合わない組合せを用いて，その相分離構造（ p.177）を制御することで優れた特性の材料を得られる場合が多い．たとえば，ポリスチレン（PS）は脆いが，これに PS とは非相溶なブタジエンゴムを分散させることにより耐衝撃性が飛躍的に向上する（耐衝撃性ポリスチレン（HIPS）（p.132 参照））．一方，一般に相溶なポリマーブレンドでは，非相溶ブレンドのように飛躍的に特性を向上させることは難しく，多くの場合，ブレンドの組成に

応じて各成分ポリマーの特性の間の値を示すことが知られている．たとえば**相溶性**のブレンドである PS/ポリフェニレンオキシド（PPO）ブレンドのガラス転移温度（T_g）は，PS と PPO の T_g の間の値となる．このブレンドの場合，PPO に PS をブレンドしても材料としての特性は向上しないが，PPO の高すぎる粘度を PS とブレンドすることにより低下させ，成形性を向上させることができる．

先にも述べたように，実際には非相溶な高分子の組合せが圧倒的に多いが，非相溶であるがゆえにその相分離構造をさまざまに制御することが可能であり，それによって高性能なブレンド材料を安価に得ることができる．

参考文献
1) P. J. Flory（岡　小天，金丸　競 共訳），"高分子化学"，丸善（1956）
2) 長谷川正木，西　敏夫，"高分子基礎科学"，昭光堂（1991）

6.2　ポリマーブレンドの構造制御

この節のキーワード：
相分離構造，ポリマーブレンド，相容性，相容化剤

高分子材料の特性改善・高機能化を図る上で，2 種類以上の高分子を混ぜ合わせることは非常に有効な手段である．しかしながら，単に混ぜ合わせただけでは各成分高分子単体よりも特性が劣る場合がほとんどであり，用途に応じてブレンドの構造を制御する必要がある．そこで，ここでは高分子を混ぜ合わせた際にみられる相分離構造およびその構造制御の方法について概観する．

6.2.1 ブレンドの構造を左右する因子

高分子どうしを混ぜ合わせると,多くの場合分子レベルでは混ざり合わず分離してしまう.しかしながら,この相分離(▸ p.173)した構造を適度に制御することにより,混ぜ合わせた各高分子単体の特性よりはるかに優れた力学特性をもたせることも可能である.

非相溶系において異種高分子の混合により得られる**相分離構造**は,一方の高分子成分中に他方が粒子状に分散した海島構造や,どちらの成分も連続相をなす共連続構造など,ブレンドの作製条件により異なったものが得られる.ブレンド物の構造に影響を与える因子はいくつかあり,それらを適度に調整することにより任意の構造を得ることが可能となる.そこで,以下ではその因子について述べることにする.また,工業的には通常,異種高分子を溶融混練することによりブレンドを行うため,以下ではとくに記述のないかぎり,溶融混練により得られた**ポリマーブレンド**について述べることとする.

ブレンド物においては,多量成分がマトリックス相を形成し,少量成分は分散相となる傾向がある.一方で,(溶融混練した場合には)低粘度成分がマトリックス相を形成し,高粘度成分が分散相となる傾向もあり,ブレンドを作製する際にはこれらの競合が生じる.したがって,各成分高分子の「粘度比」η_1/η_2 と体積分率の比 ϕ_2/ϕ_1 の積

$$\frac{\eta_1}{\eta_2} \cdot \frac{\phi_2}{\phi_1} \equiv \alpha \tag{6.4}$$

によって,どちらの成分がマトリックス相,あるいは分散相になるかを表せることが報告されている[1].このとき,$\alpha \approx 1$ の場合には共連続構造となり,$\alpha < 1$ では成分1が,$\alpha > 1$ では成分2がマトリックス相となる.

さらに,「分散粒子径」については Wu により報告された経験式がよく知られている[2].

$$D_n = \frac{4\Gamma_{md}}{\dot{\gamma}\eta_m}\left(\frac{\eta_d}{\eta_m}\right)^{\pm 0.84} \quad (6.5)$$

ここで，D_n：数平均粒子径，Γ_{md}：マトリックス相と分散相間の「界面張力」，$\dot{\gamma}$：「せん断速度」，η_m, η_d：マトリックス相および分散相の粘度であり，「粘度比」η_d/η_m が1より大きい場合には指数の符号は正，1より小さいときには負となる．この式からわかることは，「粘度比」が1に近いほど，言い換えるとマトリックス相と分散相の粘度が近いほど粒子径は小さくなるということである（図6.2）．また，「界面張力」は粒子径を大きくするように作用するのに対し，「せん断速度」と「マトリックスの粘度」は小さくするように作用する．「界面張力」が大きい場合，分散相の体積に対してその表面積を減らしたほうがエネルギー的に有利であり，粒子径が大きいほうが体積に対する表面積の比は小さくなりより安定であるため，粒子を微細化しにくくなる．一方，「せん断速度」や「マトリックスの粘度」が大きければ，分散粒子により大きなせん断力を与えることができるため微細化させることができる．

実際の溶融混練では上記の各パラメーターは相互に関連し合っている．たとえば，ポリブチレンテレフタレート（PBT）/スチレン-アクリロニトリル共重合体（SAN）ブレンドの場合（PBT/SAN＝20/80，組成は重量分率），溶融状態でせん断流動させると，多量成分である

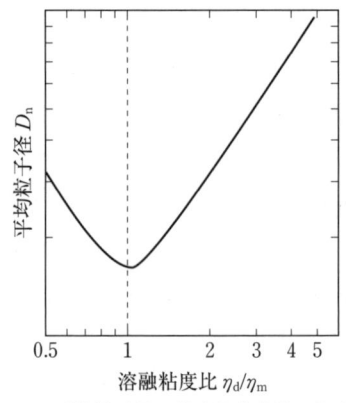

図 6.2 平均粒子径の粘度比依存性の概念図

SAN がマトリックス相，少量成分の PBT が分散相となる（図 6.3）．式（6.2）では粒子径は「せん断速度」に反比例するため，「せん断速度」が速くなるにつれて「分散粒子径」は単調減少するように思われるが，実際には図 6.3 から明らかなように，ある「せん断速度」（図 6.3 では $\dot{\gamma}=240\,{\rm s}^{-1}$）において粒子径が極小値をもつような挙動を示す．一般に高分子では「せん断速度」が速くなると，分子鎖が配向しからみ合いが低下することにより粘度は減少する（shear-thinning）．図 6.4 に示すように，この傾向は高分子の種類によって異なるため，「せん断速度」の変化によってマトリックス相の粘度のみでなく「粘度比」$\eta_{\rm d}/\eta_{\rm m}$ も変化し，上記のような現象がみられたものと考えられる．

また，混練時に分散相は単に分裂し微細化するだけでなく，互いに衝突することにより再凝集する．このように分裂と再凝集を繰り返すことにより最終的な粒子径が決まる．そのため分散相成分の含量が少ないと粒子が再凝集する機会が少なくなり，分散相成分が多い場合に比べて粒子径は小さくなる．

$\dot{\gamma}\cong 0\,{\rm s}^{-1}$ $\dot{\gamma}=100\,{\rm s}^{-1}$

$\dot{\gamma}=240\,{\rm s}^{-1}$ $\dot{\gamma}=290\,{\rm s}^{-1}$

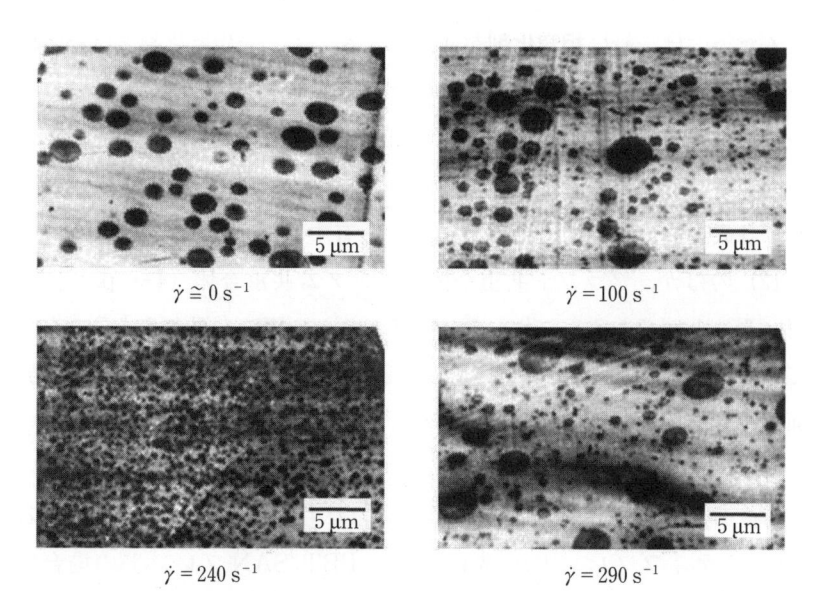

図 6.3 PBT/SAN＝20/80 ブレンドの透過型電子顕微鏡写真（SAN：白，PBT：黒）

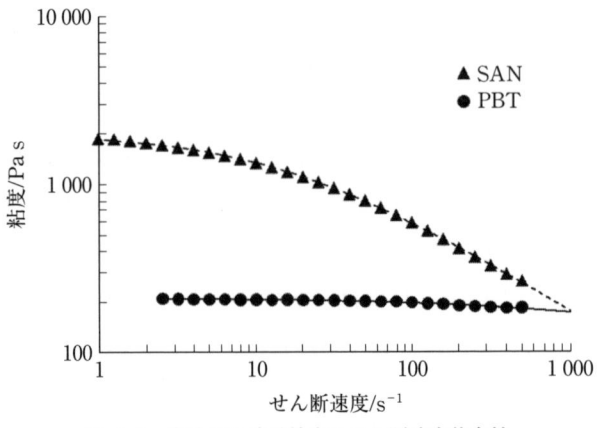

図 6.4 高分子の溶融粘度のせん断速度依存性

6.2.2 相容化剤による効果

　これまで，「分散粒子径」に対する粘度および「せん断速度」の効果について述べたが，式 (6.2) を見ると「界面張力」を下げることによっても「分散粒子径」を小さくできることがわかる．「界面張力」を下げるためには一般に**相容化剤**が使用される．ここで相容化剤とは**相容性**を向上させる，すなわち成形時に分散粒子をより均一に微分散させ，さらに得られたブレンド物中の各成分間の界面接着強度を向上させて物性を向上させる効果のある添加剤のことである．相容化剤としては，たとえば各成分高分子と同一のセグメントを有するブロック共重合体（▶p. 12）のほか，グラフト共重合体やランダム共重合体（▶ p. 12）を用いることができる．これらの分子はどちらの相にも混ざる成分を有しているため，各相の界面において一種の界面活性剤として作用し，「界面張力」を低下させることができる．このほか実際によく用いられているのは反応型の相容化剤で，たとえば一方の高分子成分に相溶な分子に他方成分と反応する官能基をグラフトしたものなどが用いられている（リアクティブブレンド）．先にあげた PBT/SAN ブレンドの場合には，スチレン-アクリロニトリル-グリシジルメタクリレート共重合体

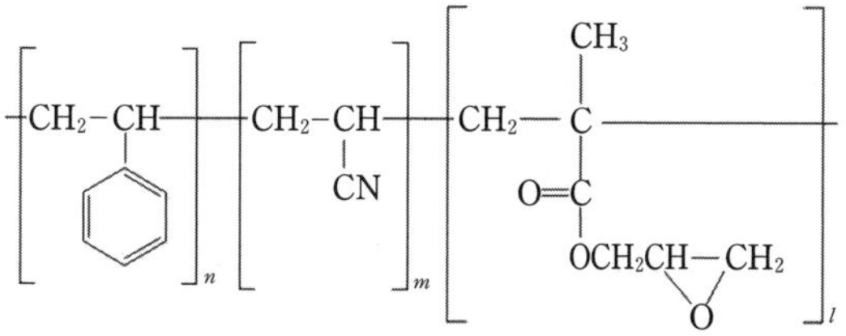

図 6.5 SAN-GMA の化学構造

(SAN-GMA, 図 6.5) などが相容化剤として有効であり，混練中に GMA 基中のエポキシ基と PBT 末端の OH 基や COOH 基が反応しグラフト共重合体を形成することにより相容化剤として作用する．

相容化剤は上記のように「界面張力」を下げるだけでなく，界面厚みを厚くする効果があるとともに，粒子の再凝集を阻害する役割ももっている．

6.2.3 その他の相分離構造形成機構

ここでは溶融混練とは異なり，せん断流動を与えない系の例を紹介しておく．異種高分子間の粘弾性特性が大きく異なる場合，少量成分であっても高粘度相がマトリックス相を形成することが知られている（粘弾性相分離[3,4]）．また，高分子を異種モノマー中に溶解しこれを重合する過程で生じる重合反応誘起型相分離[5]の場合，重合成分が分散相となることが知られている．このように，ブレンドの作製方法によって相分離構造に対する各因子の寄与の大きさが異なる点に注意しなければならない．

参考文献
1) G. M. Jordhamo, J. A. Manson, L. H. Sperhg, *Polym. Eng. Sci.*, **26**, 517 (1986)
2) S. Wu, *Polym. Eng. Sci.*, **27**, 335 (1987)
3) H. Tanaka, *J. Phys. Condens. Matter*, **12**, R 207-R 264 (2000)
4) 田中 肇, 高分子, **58**, 683 (2009)
5) K. Yamanaka, T. Inoue, *Polymer*, **30**, 662 (1989)

コラム　相溶性と相容性

　文章中ではあまり説明せずに「相溶性」と「相容性」という言葉を使ってきた．誤植かと思った人もいたかもしれないが，誤植ではない（本当に誤植がなければの話だが）．

　6.1 節で高分子どうしの混ざりやすさについて述べたが，そこでの議論のように分子どうしが混ざり合って一相を形成する能力のことを「相溶性（miscibility）」という．これに対して，6.2 節では分子レベルでは混ざり合わずに二相に分離してしまい，一方に他方が粒子として分散する系について述べた．この場合，ブレンドの物性を向上させるためには，粒子が均一に微分散することが重要であり，このような性質を「相容性（compatibility）」という．どちらも**ポリマーブレンド**を考える上で重要なので，混同しないよう注意して使い分けてほしい．

6.3　有機・無機複合材料

この節のキーワード：
ナノコンポジット，層間挿入法，ゾル-ゲル法，超微粒子直接分散法，ハイブリッド

　有機高分子と無機材料を複合化すると，これら単独の材料のみからでは得られない，優れた特性を発現することがある．とくに両成分をナノレベル（分子レベル）で複合化した**ナノコンポジット**は，有機高分子の機械的特性や耐熱性の飛躍的な向上を実現し，かつ光学的性質にも優れた材料を生み出す．しかし，一般的な有機材料とセラミックやガラスなどの無機材料は親和性が低く，そのままでは均一に混ざらないことから，共有結合もしくは何らかの相互作用で両成分をつなぐ分子設計が必

要である．ここでは有機・無機複合材料合成のための分子設計と構造解析について紹介する．

6.3.1 有機高分子・無機複合材料の合成法

有機高分子・無機複合材料の合成法は，用いる材料に応じたいくつかの種類があるが，ここではごく一般的な複合化手法である，**層間挿入法**と，**ゾル-ゲル法**および，**超微粒子直接分散法**について述べる．それぞれの手法で得られる複合材料は異なる特徴を有しており，目的に応じた複合化手法を選択することが大事である．

（1）層間挿入法

モンモリロナイトなどの層状ケイ酸塩（クレイ）の層間に有機高分子が挿入されると，ナノコンポジットが得られる．層間に挿入された有機高分子のために無機物の層間が広がり，完全に層はく離したものがもっともナノコンポジットとして高い性能を示す．たとえばナイロン6とモンモリロナイトとのナノコンポジットでは，ほんの少量（～5 wt% 程度）のクレイ含量で引張強さが約1.4倍に向上し，荷重たわみ温度が90℃近く上昇する．またガスバリア特性にも優れるため，自動車用の部品や食品包装用のフィルムに用いられている．

有機高分子の挿入方法には2種類あり，モノマーを層状ケイ酸塩に挿入した後に重合するモノマー挿入後重合法もしくは，層状ケイ酸塩と有機高分子を溶媒中，または混練により直接混ぜるポリマー挿入法が用いられる．いずれの場合も，有機高分子と無機物の親和性を高める必要があるため，無機物の層間を有機化剤で処理した有機変性クレイを用いる．

有機変性クレイは，層状ケイ酸塩の層間に有機物を侵入させて有機化したもので，有機化剤にはアンモニウム塩などのオニウム塩が用いられる．層状ケイ酸塩を水に分散し有機化剤を添加すると，層間にある金属カチオンとオニウムカチオンが交換され，有機変性クレイが沈殿として生じる．

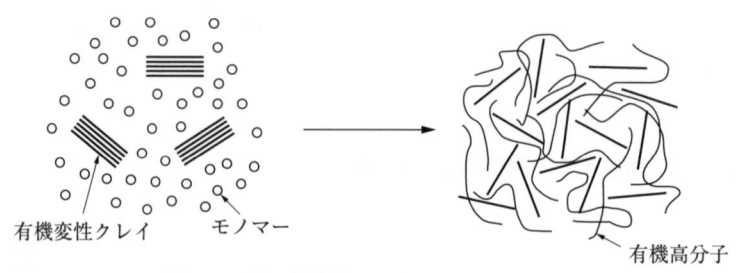

図 6.6 層はく離型クレイナノコンポジット

層間挿入法では，ポリアミドやエポキシ樹脂などの極性の高い有機高分子ほど，層はく離したナノコンポジットが得られやすく，ポリオレフィンのような極性の低いものでは層はく離させることは難しい．とくにナイロン 6 は，モノマー挿入後重合法により，完全層はく離したナノコンポジットを容易に得ることができる．極性の低いポリプロピレンで層はく離型のナノコンポジットを得るには，一部を無水マレイン酸などで変性して，極性を高める必要がある．

（2） ゾル-ゲル法

ゾル-ゲル反応は，金属アルコキシドの加水分解と続く重縮合により金属酸化物を得る反応で，シリカゲルや酸化チタンなどの金属酸化物を室温程度で合成できる．この反応系中に有機高分子を共存させておくことで，有機高分子と金属酸化物を混ぜることができる．ここで，両成分間に強い相互作用もしくは共有結合を設計すると，分子レベルで均一に混ざった**ハイブリッド**が得られる．完全に分子レベルで混ざったハイブリッドは，非常に高い透明性を示す．

相互作用の例としては，水素結合をはじめ，芳香族間の π-π 相互作用やイオン結合，電荷移動相互作用などが利用できる．たとえば，ポリ（2-メチル-2-オキサゾリン）のエタノール溶液中，塩酸を触媒としたテトラエトキシシラン（TEOS）のゾル-ゲル反応を行うと，有機成分がほぼ 0％ から 100％ まで任意の組成で透明均一なハイブリッドが得られる．これは有機高分子中のアミドカルボニル基が水素結合受容基として働き，ゾル-ゲル反応によって生成するシラノール残基との間に水素結

6.3 有機・無機複合材料

$$-\underset{|}{\overset{|}{Si}}-OEt + H_2O \xrightarrow{-EtOH} -\underset{|}{\overset{|}{Si}}-OH \quad (加水分解)$$

$$-\underset{|}{\overset{|}{Si}}-OH + HO-\underset{|}{\overset{|}{Si}}- \xrightarrow{-H_2O} -\underset{|}{\overset{|}{Si}}-O-\underset{|}{\overset{|}{Si}}-$$

$$-\underset{|}{\overset{|}{Si}}-OH + EtO-\underset{|}{\overset{|}{Si}}- \xrightarrow{-EtOH} -\underset{|}{\overset{|}{Si}}-O-\underset{|}{\overset{|}{Si}}- \quad \Bigg\} (重縮合)$$

図 6.7 ゾル-ゲル反応

合が働くためと考えられている．このとき，得られるハイブリッドの機械的強度は有機ポリマーの含量に依存する．つまり，有機ポリマーが多く含まれるほど，柔らかいフレキシブルな材料となり，無機成分が多いとガラスに近くなる．

このような相互作用をもたない場合でも，有機高分子に金属酸化物と共有結合可能な部位を導入すると，容易にゾル-ゲル法で均一なハイブリッドを得ることができる．有機高分子の側鎖または末端にトリアルコキシシリル基を導入し，TEOSと共加水分解を行うと，シリカゲルマトリックスに有機高分子が共有結合で結合した透明均一なハイブリッドを合成できる．ビニルトリエトキシシラン（VTES）やγ-メタクリロキシプロピルトリエトキシシラン（γ-MPS）は，重合性官能基をもっ

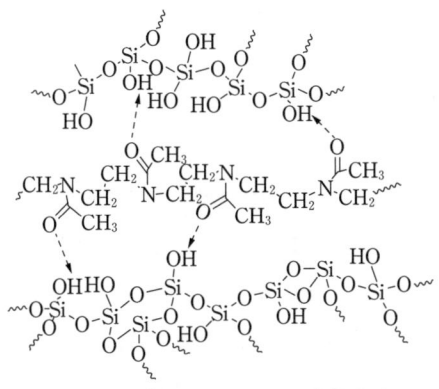

図 6.8 シリカマトリックスと有機高分子との水素結合

たシランカップリング剤であり，ビニル高分子の変性に用いられる．

ゾル-ゲル法を用いたハイブリッドは，基本的に溶液を出発原料とするため，ディップコーティングやスピンキャストによるハイブリッドコーティング膜にも用いられる．

(3) 超微粒子直接分散法

超微粒子直接分散法は，コロイダルシリカや金属ナノ粒子，カーボンナノチューブ（CNT）などのナノサイズの無機微粒子を有機高分子に直接均一に分散させる方法である．しかしナノ粒子は凝集力が強いため，無処理のままでは均一に分散させることは難しい．そこで表面を有機修飾することで二次凝集を防ぎ，さらに有機高分子に対する親和性を高める必要がある．無機微粒子の表面修飾は，それぞれの微粒子に応じた修飾法があり，コロイダルシリカのような金属酸化物ではシランカップリング剤や界面活性剤がよく使われる．CNT の場合は，環化付加反応やラジカル付加反応を利用した共有結合での表面修飾や，CNT 表面と芳香族化合物間の π-π 相互作用を利用した表面修飾が一般的である．

6.3.2　有機高分子・無機複合材料の解析法

有機高分子・無機複合材料における各成分の分散状態および構造を知ることは，複合材料の物性を理解する上で必要不可欠である．ここでは，それらを解析し，評価する手法について述べる．

(1) 電子顕微鏡

電子顕微鏡を用いると，複合材料の各成分の分散状態をもっとも簡単に視覚的に観察できる．このため，複合材料の解析にもっともよく用いられる解析手法である．とくに透過型電子顕微鏡（TEM）（➡ p. 153）や原子間力顕微鏡（AFM）（➡ p. 155）による解析は，層状ケイ酸塩や金属ナノ粒子，カーボンナノチューブなどの無機微粒子の分散状態評価によく用いられる．一般的な TEM 像では，弾性散乱の大きい無機粒子や金属粒子が暗く写り，有機成分は明るく見える．しかし，観察された像は材料全体を反映しておらず，一部のみをクローズアップして映し

出している点に注意しなければならない．実際の解析では観察点を多数とり全体を観察するなど，解析上の工夫が必要である．

(2) X線回折

X線回折測定は，とくにクレイを用いた**ナノコンポジット**の分散状態解析に有効である．一般的なクレイの層間隔は1nm程度であるため，広角X線回折法（WAXD）によって測定される．クレイの面間隔は，有機変性やモノマーの挿入にともなって広がるためX線の回折角は小さくなる．また完全に層はく離したナノコンポジット中では，クレイはランダムに分散しており，一定の層間隔をもたないことから，明確な回折ピーク極大は観察されず，非常に小さい回折角（$2\theta < 2°$）の位置にブロードなピークが出現する．

また，X線回折は次で述べるDSCとともに，結晶性高分子（▶ p.67）を用いたナノコンポジット中の結晶状態の評価にも用いられる．結晶性高分子の結晶構造はナノコンポジットの形成によって変化することがあり，ナイロン6は，クレイとの複合化により，α型結晶構造からγ型結晶構造へと変化する．またポリエチレンオキシドは，**ゾル-ゲル法**でシリカゲルと複合化すると，シリカマトリックスにより結晶化が阻害され，結晶化度（▶ p.77）が低下する．このような構造変化もWAXD測定により確認できる．

(3) その他の解析方法

上述の解析方法以外にも，さまざまな方法で**ナノコンポジット**の解析が行われている．たとえばナノコンポジット中の高分子の結晶構造解析は上述のWAXD測定および示差走査熱量測定（DSC）により解析できる．**ゾル-ゲル法**によるナノコンポジット中，シラノール基と有機高分子の間に働く水素結合は，FT-IR測定によるアミドカルボニル基の伸縮振動の低波数シフトにより確認できる．固体NMRもナノコンポジットの構造解析に有効で，異種核相関NMRスペクトルから，**ゾル-ゲル法**で合成したナノコンポジットの均一性も解析が可能である．

参考文献
1) 日本化学会 編,"季刊化学総説42 無機有機ナノ複合物質",学会出版センター（1999）
2) 梶原鳴雪 編,"無機・有機ハイブリッド材料",シーエムシー出版（2006）

6.4 微粒子の調製

> この節のキーワード：
> 懸濁重合，乳化重合，ソープフリー重合，分散重合，シード重合

　モノマーをある条件下で重合すると，ナノからミクロンサイズの高分子微粒子が得られる．高分子微粒子は，水分散体である高分子ラテックスとして塗料や接着剤に用いられるだけでなく，粒径のそろった高分子微粒子は集積化により，規則的に配列させることができ，集積体としてとくに光学的に興味深い特性をもつ．ここでは主にビニルモノマーのラジカル重合（→ p.93）による高分子微粒子の調製法およびその特性について述べる．

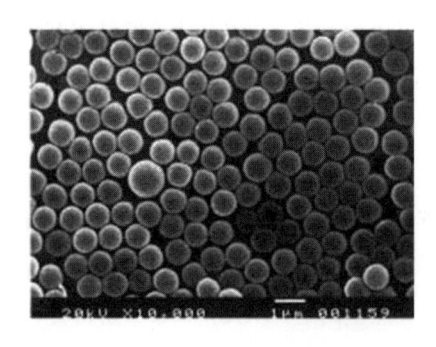

図 6.9　ソープフリー重合で合成された高分子微粒子
（H. Ni, *et al.*, *J. Appl. Polym. Sci.*, **80**, 1988 (2001) より抜粋）

6.4.1　高分子微粒子の調製法

　ビニルモノマーの重合による一般的な高分子微粒子合成はほとんどの場合，分散安定剤や界面活性剤の存在下，モノマーを水中に分散させた不均一系で重合を行う．得られる高分子微粒子は，基本的には界面自由

エネルギーのもっとも小さな真球状になる．粒子のまわりに多量の水が存在するため，重合時に発生する重合熱が取り除かれ，重合温度制御が容易に行えることもこの重合の特徴である．ここでは一般的な高分子微粒子の調製法である**懸濁重合**および**乳化重合**と，その他の微粒子調製法について述べる．

（1）懸 濁 重 合

　水などの媒体に不溶なモノマーを媒体中で機械的にかくはんすると，モノマー液滴が媒体中に分散した懸濁液ができる．このモノマー中に重合開始剤を溶解させておき，加熱すると重合が開始され，高分子微粒子が得られる．この重合法を**懸濁重合**という．一般的な懸濁重合では，液滴を安定化させるため分散安定剤を加える．分散安定剤にはポリビニルアルコールや硫酸バリウムなどが用いられる．重合開始剤は過酸化ベンゾイル（BPO）やアゾビスイソブチロニトリル（AIBN）などモノマーに可溶な物が用いられる．重合は各モノマー液滴中，塊状重合とほぼ同様の条件で進行し，高分子微粒子が得られる．得られる粒子は真球状をしているため，パール重合ともよばれる．得られる微粒子のサイズはモノマー液滴のサイズを反映するため，懸濁重合では主にかくはん速度と分散安定剤に依存する．機械的なかくはんでモノマー液滴をつくり出

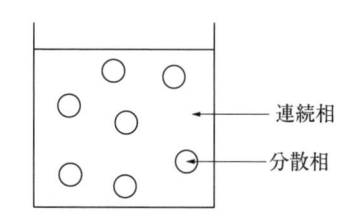

重合法	連続相	分散方法	開始剤	粒子径
懸濁重合	水	機械的かくはん	疎水性	$10\ \mu m \sim 1\ mm$
乳化重合	水	界面活性剤	親水性	$100\ nm \sim 1\ \mu m$
ソープフリー重合	水	親水性開始末端	親水性	$100\ nm \sim$ 数 μm
分散重合	有機溶媒	均一系	疎水性	$100\ nm \sim 10\ \mu m$

図 6.10　一般的な高分子微粒子の合成条件と得られる粒子径

すため，それほど小さな粒子にはならず，約 10 μm～1 mm の幅広い粒径分布の粒子が得られる．

(2) 乳化重合

乳化重合では，モノマーを水中で分散させる際に界面活性剤を用いて合成する．界面活性剤はある一定の濃度において水中で自己組織化し，ミセルを形成する．モノマーは疎水性のため，ミセルの内部に取り込まれる．開始剤は過硫酸カリウムなどの水溶性のものを用い，水中でラジカルを発生させる．このラジカルがミセルに侵入するとミセル内で重合が開始され，粒子核となる．モノマーは水相を通じて他のモノマー液滴から供給され，粒子は成長する．ラジカル濃度に対してミセルの数が多い場合，ミセル中に存在して重合に関与するラジカルの数は一つで，次のラジカルがミセルに侵入するまで停止反応が起こらない．そのため，高分子量体が得られるのが乳化重合の特徴である．得られる粒子サイズは懸濁重合よりずっと小さく，約 100 nm～1 μm ほどの微粒子が得られるが，重合後に界面活性剤が残りやすい欠点がある．

(3) その他の微粒子調製法

粒径のそろった微粒子を得る方法として，**ソープフリー重合**や**分散重合**があげられる．**ソープフリー重合**は，界面活性剤を用いない乳化重合であり，重合系中で界面活性能を有する高分子鎖を生成させ，その界面活性高分子により形成されるミセル中で重合を進行させる方法である．この方法では，均一系である水中で粒子核の形成が起こるため，得られる粒子は非常に単分散になる．

分散重合はこれまでにあげた微粒子調製法とは異なり，有機溶媒中でのモノマーと生成ポリマーの溶解性の違いを利用して，微粒子を調製する方法である．ポリマーが溶解しない有機溶媒にモノマーと開始剤を溶解させて重合を行うと，重合の進行にともない溶解性が低下してポリマーが析出する．安定化剤として，ポリビニルピロリドンなどの分散剤が用いられる．この場合も粒子核の形成が均一系で起こるため，非常に粒径分布の狭い粒子が得られる．

6.4.2 高分子微粒子の粒径および内部構造制御・表面制御

　光の波長程度に粒径が均一に制御された高分子微粒子は，規則正しく集積化させることで，粒径に応じた特定波長の光を反射して構造色を呈するなど，粒径や内部および表面構造の制御により，高分子微粒子の機能性材料としての用途が広がる．ここでは，それらの制御方法について述べる．

（1）　高分子微粒子の粒径制御

　ミセルやエマルションを用いた高分子微粒子の合成では，得られる微粒子のサイズはミセルやエマルションのサイズに依存するため，ただ単なるかくはんでは粒径分布の狭い微粒子を得ることは難しい．そこで膜乳化法やマイクロチャネル法を用いると，水中で均一な液滴粒子を生成することができる．これらは，均一な多孔質膜やマイクロチャネルアレイを通じて，水中に均一なサイズのモノマー液滴を分散させる方法であり，膜の孔径を変えることで，液滴サイズを制御できる．また，振動しているノズルから水中に均一なサイズのモノマー液滴を吐出するノズル振動法なども微粒子の粒径をコントロールする有用な手法である．

（2）　高分子微粒子の内部構造制御

　高分子微粒子の合成法を応用すると，コア・シェル型，中空型，多孔型，架橋型などさまざまな内部構造を有する微粒子の合成ができる．コア・シェル型の高分子微粒子合成には，別途調製した微粒子を種（シード）粒子として用いる**シード重合**が主に行われる．たとえば**シード重合**の核になるシード粒子に，異なる種類のモノマーを用いて微粒子を合成すると，高分子どうしの相分離（▶ p. 173）により，内部と外殻の高分子種が異なるコア・シェル型微粒子が得られる．また，コア・シェル型微粒子からコア部のみを溶出させると，中空型の微粒子を得ることができる．高分子の希釈剤，架橋剤を用いると，多孔型および架橋型の高分子微粒子が合成できる．

　不均一系で得られる高分子微粒子は基本的には真球状であるが，高分

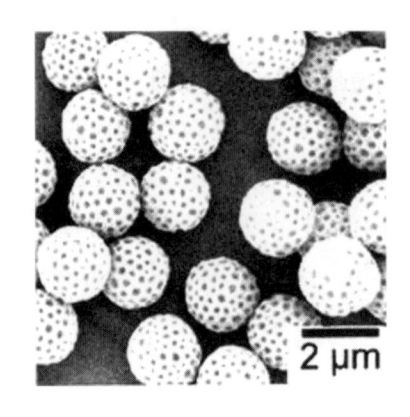

図 6.11 シード分散重合により作製されたゴルフボール状粒子
(国武豊喜 監修, "自己組織化ナノマテリアル", p. 45, フロンティア出版 (2007) より抜粋)

子どうしの相分離をうまく利用することで，ゴルフボール状や円盤状など，真球状ではない異形高分子微粒子もつくることができる．

（3） 高分子微粒子の表面制御

　高分子微粒子の表面修飾は，乳化重合やソープフリー重合において，親水性官能基を有するコモノマーを共存させる方法で達成される．とくに重合後期にコモノマーを加えることで，微粒子表面における官能基密度を高めることができる．疎水性モノマーによる表面修飾は，上述のシード重合による粒子表面での重合を行う必要がある．これらの手法で適当な反応性官能基が導入された高分子微粒子は，さらに表面に他の高分子鎖をグラフトさせたコア・シェル型微粒子，触媒や金属微粒子を担持した高分子微粒子などへと発展させることができる．

参考文献
1) 蒲池幹治，遠藤　剛 監修，"ラジカル重合ハンドブック"第5章，エヌ・ティー・エス（1999）
2) 国武豊喜 監修，"自己組織化ナノマテリアル"，第2章，フロンティア出版（2007）

6.5 π共役系高分子

この節のキーワード：
π共役系高分子，導電性，電界発光

π共役系高分子は1970年代より機能性材料として注目を集めており，現在でも盛んに研究，材料開発が行われている分野の一つである．その機能性の一つはいうまでもなく**導電性**であり，白川博士がポリアセチレンの研究でノーベル化学賞を受賞したことは記憶に新しい．また，有機EL素子材料として，ポリ(p-フェニレンビニレン)が注目を集め，いよいよ実用化の段階まで達している．代表的な**π共役系高分子**の構造式を図6.12に示す．ポリアセチレンはアセチレンの配位重合によって得られる．また，ポリピロールやポリチオフェンは電解重合によって得られる．他のポリマーは，ハロゲン化アリールを原料とする0価の金属錯体（Ni，Pdなど）を用いたカップリング反応によって合成される．また，ポリ(p-フェニレン)は鈴木カップリング，ポリ(p-フェニレンビニレン)はHeck反応が用いられる．ポリアセチレン以外のポリマー合成は広義で，重縮合（▶ p.120）とみなすこともできる．最近

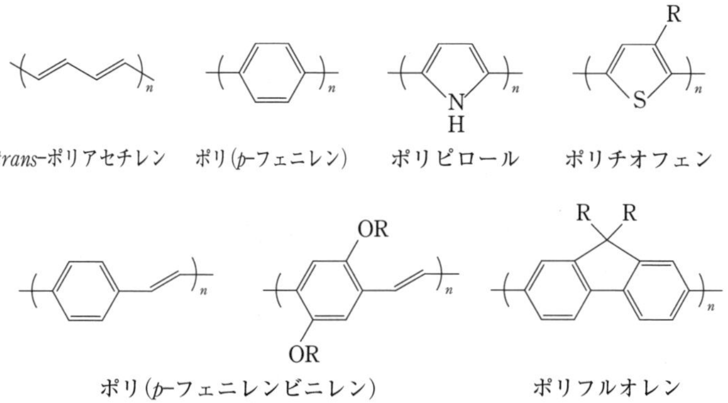

trans-ポリアセチレン　　ポリ(p-フェニレン)　　ポリピロール　　ポリチオフェン

ポリ(p-フェニレンビニレン)　　ポリフルオレン

図6.12 代表的なπ共役系高分子

では，チオフェンの連鎖重縮合が注目を集めている．

6.5.1 導電性

本書で紹介している高分子の多くは，モノマーユニットが単結合で結ばれているため，電子雲はモノマーユニットに局在化している．したがって，導電率は 10^{-15} S cm^{-1} 以下と低い値をとり，絶縁体である．これに対し，本節で述べる **π 共役系高分子**は，複数のモノマーユニットにわたって共役二重結合が連なっており，電子雲はポリマー鎖全体に広がっている．このため，導電率は $10^{-10} \sim 10^2$ S cm^{-1} をとり半導体である．この **π 共役系高分子**にヨウ素などの電子受容体（ドーパント）を添加（ドーピング）すると高分子間で電子の移動が可能となり，導電率は 10^3 S cm^{-1} まで上昇し**導電性**を示すようになる．たとえば，白川博士がノーベル賞を受賞した **π 共役系高分子**であるポリアセチレン（導電率 10^{-5} S cm^{-1}）は，五フッ化ヒ素を添加することで導電率が 10^3 S cm^{-1} へと大きく増加し導電体となる．導電現象は，しばしばエネルギー帯（バンド）模型を用いて説明される（図 6.13）．

バンドにはエネルギー準位に応じて電子が空の伝導帯と，電子を収容している価電子帯があり，それぞれ最低空分子軌道（LUMO）と最高被占分子軌道（HOMO）に対応している．導電現象は伝導帯に電子が入ることによってもたらされる．HOMO と LUMO 間のエネルギーの

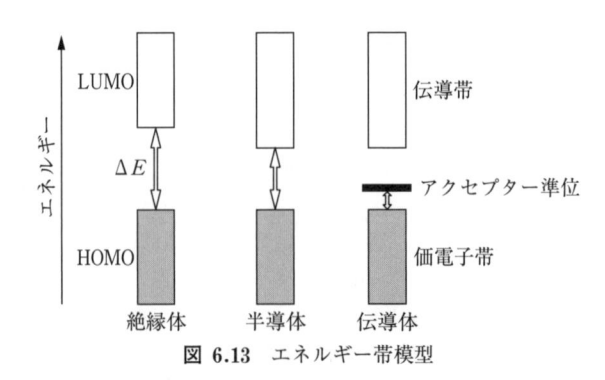

図 6.13 エネルギー帯模型

差であるバンドギャップ（ΔE）に着目すると，絶縁体では ΔE が大きく HOMO の電子は伝導帯に入ることはできない．半導体の場合は，ΔE は低下しているが電子が自由に入ることは難しい．ドーピングによって，HOMO から電子が除かれアクセプター準位がもたらされることで，ΔE が低下し電子は導電帯に入りやすくなり**導電性**が生じる．ただし，このモデルだけでは，**π共役系高分子**の**導電性**をすべて説明することは難しい（たとえば，伝導度のドーパント濃度や温度に対する依存性）．現在のところ，ドーピングによって生じるエネルギー準位に加え，正孔から注入されるカチオンラジカルによるポーラロン準位やバイポーラロン準位を含めたバンド理論について詳細に検討が行われている．また高分子鎖内に加え高分子鎖間でも π 軌道の相互作用によって電子移動が起こるホッピング伝導を含めた議論がなされている．

6.5.2 電界発光

電界発光（EL）とは，蛍光体試料に電流を通すことで蛍光体が発光する現象である．この蛍光体として **π共役系高分子** を用いたものが，高分子有機 EL 素子として注目を集めている．素子の構造を模式的に図 6.14 に示す．金属板（負極），**π共役系高分子**（発光層），正孔注入層，透明電極（インジウム・スズ酸化物，正極）である．発光機構は，まず正極から正孔注入層を通じて発光層に正孔が注入されカチオンラジカルが生じる．同時に負極から電子が注入されアニオンラジカルが生じる．

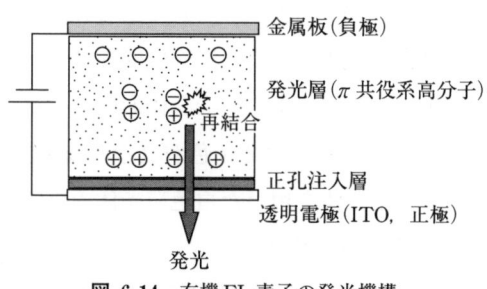

図 6.14 有機 EL 素子の発光機構

これらが発光層内で再結合することで，π共役系高分子の励起状態を生成し，蛍光過程で発光が起こる．ここでπ共役系高分子は，発光層と合わせ，正孔と電子の移動層の役目も担っている．また，発光色は，アルコキシ置換ポリ(p-フェニレンビニレン)において置換基を変えることで赤，緑色，ポリフルオレンを用いることで青色が生じる．

6.5.3 溶解性の問題

π共役系高分子を材料として用いるときに，しばしば，その低い溶解性による加工性や製膜性の難しさが問題となっている．この問題をクリアするために，1) 長鎖アルキル基の導入，2) 共重合体化，3) 可溶性ポリマーを用いて製膜後にπ共役系高分子へ変換，4) 性能が保たれる範囲で共役系を短くし側鎖に導入といった手法が行われている．たとえば，ポリフルオレンにヘキシル基を導入することで溶解性が向上し製膜が可能となり，青色素子としての応用が期待されるようになった．また，p-フェニレンビニレン合成において，m-ジヨードベンゼンを共重合させm-フェニレン骨格を組み込むことで，溶解性が向上した．また，可溶性のポリ(フェニルビニルスルホキシド)を製膜後，ポリアセチレンへと変換することで均一なポリアセチレン膜を得たとの報告がなされている．

6.5.4 π共役系セグメントを含むブロック共重合体

π共役を含む分子鎖は剛直な棒状分子として振る舞うことが知られている．このような剛直鎖を含むブロック共重合体（▶ p.12）は，π共役分子鎖の高い自己組織化のために，一般的なブロック共重合体とは異なるミクロ相分離構造や溶液中での会合体形成を示すことが知られている．また最近では，おのおのの発光色が異なるπ共役系高分子鎖を同時に含むブロック共重合体を用いた白色発光体の合成や，電子受容体であるπ共役分子と電子供与性セグメントから構成されるブロック共重合体を用いたポリマーメモリーの開発が試みられている．

参考文献

1) 緒方直哉，"導電性高分子"，pp. 51-93，講談社サイエンティフィク（1990）
2) 鶴田禎二，"高分子機能材料シリーズ2 高分子の合成と反応（2）"，高分子学会 編，pp. 393-440，共立出版（1991）
3) 井上祥平，"新高分子実験学2 高分子の合成・反応（1）付加系高分子の合成"，高分子学会 編，pp. 336-359，共立出版（1995）
4) 井上祥平，"新高分子実験学3 高分子の合成と反応（2）縮合系高分子の合成"，高分子学会 編，pp. 331-350，pp. 421-437，共立出版（1996）
5) 小谷正博，"第5版 実験化学講座27 機能性材料"，日本化学会 編，pp. 187-203，pp. 312-333，丸善（2005）
6) F. J. M. Hoeben, P. Jonkheijm, E. W. Meijer, A. P. H. J. Schenning, *Chem. Rev.*, **105**, 1491（2005）

6.6 プロトン伝導性高分子

この節のキーワード：
プロトン伝導性，固体高分子形燃料電池，高分子電解質膜，燃料電池，パーフルオロスルホン酸膜，プロトン伝導チャネル

6.6.1 固体高分子形燃料電池

　プロトン伝導性高分子は，家庭用電源，携帯機器用電源，電気自動車への搭載が期待されている**固体高分子形燃料電池**（PEFC）の電解質材料として利用されている．PEFCにおいて，燃料極（アノード極）（負極）で発生したプロトンイオンは**高分子電解質膜**（PEM）を通り抜け，空気極（カソード極）（正極）に至る（図6.15）．したがって，PEMには高い**プロトン伝導性**が備わっていることはもちろんのこと，電気絶縁性，ガスバリア性，化学的・電気化学的安定性，機械的強度・寸法安定性，耐熱性，電極接合性など，多様な特性が求められる．本節では，**燃料電池**への応用の観点から，**プロトン伝導性**高分子を紹介する．

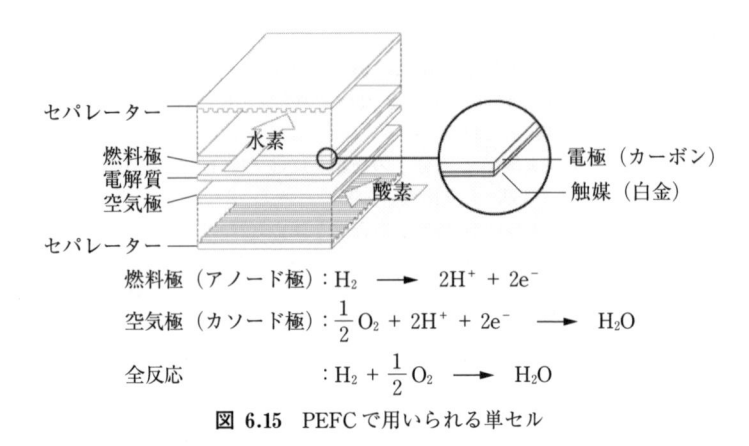

燃料極（アノード極）：$H_2 \longrightarrow 2H^+ + 2e^-$

空気極（カソード極）：$\frac{1}{2}O_2 + 2H^+ + 2e^- \longrightarrow H_2O$

全反応　　　　　　　：$H_2 + \frac{1}{2}O_2 \longrightarrow H_2O$

図 6.15　PEFCで用いられる単セル

6.6.2 パーフルオロスルホン酸系高分子

　PEFCに搭載されるPEMの代表例として，**パーフルオロスルホン酸膜**が広く知られている．パーフルオロスルホン酸膜では，米国のデュポン社によって開発されたNafion®が有名であり，当時は，宇宙用や軍事用の用途が中心であった．しかし，ダイムラー・ベンツ社（後のダイムラー・クライスラー社）が燃料電池自動車の開発で使用したのがきっかけで，一気に世界中の注目を集めるようになった．パーフルオロスルホン酸膜は，疎水性のテフロン骨格とその先端が親水性の側鎖からなるフッ素化ポリマーで構成されている（図6.16）．テフロン骨格部分はフッ素原子が炭素原子のまわりを覆い包んでおり，化学的な安定性を与えている．その一方で，側鎖型フッ素化ポリマーの先端部分には酸解離度定数の大きいスルホン酸基があり，プロトンイオンや水が非常になじみやすい構造となっている（カルボン酸のような酸解離度定数の低い酸基では高い**プロトン伝導性**は得られない）．すなわち，膜内ではフッ素化

図 6.16　パーフルオロスルホン酸系プロトン伝導性高分子の化学構造

ポリマーによる疎水部分とスルホン酸基が寄り集まってできた親水部分が**相分離構造**（🔖 p. 177）を形成している．そのため，水を含んだスルホン酸基の周辺はプロトンイオンが伝導しやすく，また相分離で形成されたプロトンイオンが通る道（チャネル）は，アノード極とカソード極を結ぶ**プロトン伝導チャネル**といえる．

パーフルオロスルホン酸膜は化学的安定性や**プロトン伝導性**に優れる一方で，多様な条件での利用が考えられるPEFCへの搭載を考えると，比較的コストの高いフッ素化ポリマーを用いることや膜の軟化により高温条件下（100℃以上）での作動に不向きであること，また含水状態における膜の寸法安定性に乏しいことなど，課題も見受けられる．最近では，パーフルオロスルホン酸膜に代わるPEMの開発が注目を集めている．

6.6.3 全芳香族炭化水素系高分子

パーフルオロスルホン酸膜の課題を参考に，ポリマーの一次構造から見直した材料が開発されている．耐熱性や寸法安定性，機械的強度に優れており，かつ低コスト製造が可能な高分子の全芳香族炭化水素系高分子がその候補材料である（図6.17）．全芳香族炭化水素系高分子は，これまで主に航空宇宙材料や各種電子機器材料などに利用されてきたスーパーエンジニアリングプラスチックであり，**重縮合**（🔖 p. 120）で合成される．プロトンイオンの伝導には，やはりスルホン酸基が良好に機能することから，これまでにスルホン化されたポリエーテルエーテルケトン（PEEK），ポリイミド（PI），ポリフェニレン，ポリアリレンエーテルスルホン（PES）などが開発されている．

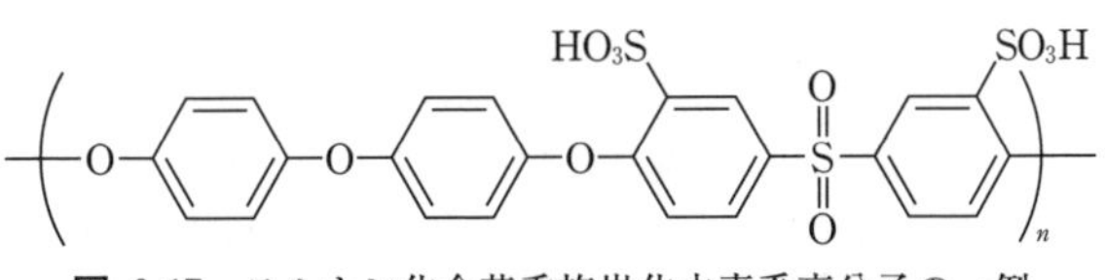

図 6.17 スルホン化全芳香族炭化水素系高分子の一例

6.6.4　全芳香族炭化水素系高分子のプロトン伝導チャネル形成

　ポリマーの一次構造が剛直なスルホン化全芳香族炭化水素系高分子は，たとえ，スルホン酸基が多数存在しても**パーフルオロスルホン酸膜**にみられるような明確な**プロトン伝導チャネル**の形成は難しい．分子鎖が剛直なことから動きにくく，スルホン酸基が集まりにくいこと，また分子鎖中にスルホン酸基が散在しているためであると考えられている．そこで，スルホン酸基が自己的に集合しやすくするために，一次構造の繰り返しユニットにスルホン酸基が多く存在するスルホン化ブロックとスルホン酸基をもたない無置換ブロックで構成されたスルホン化マルチブロック共重合体が開発されている（図6.18）．この発想はパーフルオロスルホン酸系高分子の疎水部分と親水部分による相分離構造が参考となっている．ポリマーのマルチブロック化により，一次構造がたとえ剛直であっても自己組織化が起こり，スルホン酸基が集合したプロトン伝導相と膜の強度や安定性を支える膜支持相からなるミクロ相分離構造が

図 6.18　スルホン化マルチブロック共重合体の一例

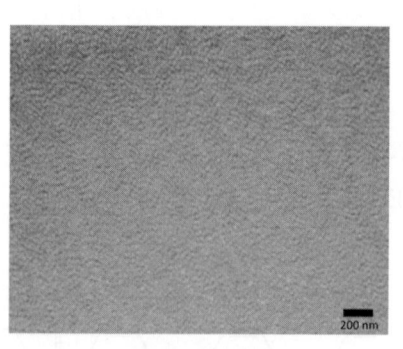

図 6.19　透過型電子顕微鏡写真の一例
スルホン化マルチブロック共重合体のミクロ相分離構造
（明部：無置換ブロック，暗部：スルホン化ブロック）

形成される（図6.19）．マルチブロック化により**プロトン伝導チャネル**が形成されたスルホン化全芳香族炭化水素系高分子膜はプロトン伝導の効率も高くなる．また，イオン交換容量（IEC）を増やしていくと**パーフルオロスルホン酸膜**に匹敵する高い**プロトン伝導性**も得られることが報告されている．

6.6.5 無加湿型リン酸系高分子

　スルホン酸基を有するPEMは水分子を媒体としているため，高加湿条件では高い**プロトン伝導性**を示すが，低加湿条件下や100℃を超える中温領域（100〜200℃）では，その伝導性は弱まる．もしも水の媒介を必要としないPEMが開発されれば，画期的な高性能PEMとして，さらにPEFCの多様性を広げることになる．このような背景のもと，無加湿状態でも酸塩基間のプロトン移動を利用することにより，プロトン伝導を実現するPEMの開発が進んでいる．その一例に，リン酸系高分子とイミダゾリウムのような塩基性分子が複合化された電解質材料がある．無加湿におけるプロトン伝導の仕組みは，リン酸系高分子の中でイミダゾリウムへのプロトン移動によって生じたアニオン部位（プロトン欠如部位）へのプロトン移動と電荷をもったイミダゾリウムから中性のイミダゾリウムへのプロトン移動の2通りが考えられている（図6.20）．このようなメカニズムから，水の蒸発によるプロトン伝導性の低下が懸念される中温領域での実用化がもっとも期待されるところである．

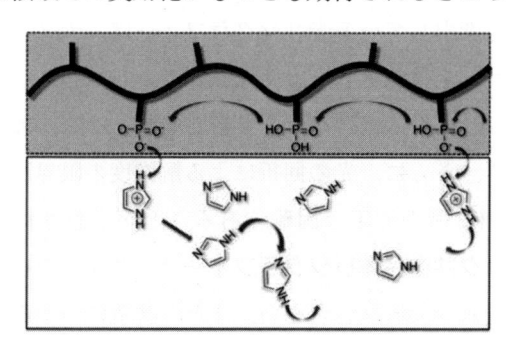

図6.20　酸塩基間のプロトン移動を利用した電解質材料の概念図

参考文献

1) Y. Sone, *et al.*, *J. Electrochem. Soc.*, **143**, 1254 (1996)
2) 高分子学会燃料電池材料研究会 編著,"高分子先端材料 One Point 7 燃料電池と高分子",共立出版 (2005)
3) 本間琢也 監修,"図解燃料電池のすべて",工業調査会 (2003)
4) K. Goto, *et al.*, *Polym. J.*, **41**(2), 95 (2009)

6.7 高分子ブロック共重合体リソグラフィー・ナノテンプレート

> この節のキーワード：
> ナノテンプレート，ブロック共重合体，ブロック共重合体リソグラフィー，リアクティブイオンエッチング

　互いに混ざり合わないポリマーが連結している**ブロック共重合体**（▶ p.12）は，ミクロ相分離という自己組織化現象によって，ナノメートルスケールの周期構造を与える．このような自然の力ででき上がる周期構造を電子デバイスに必要な微細パターンの加工や多種多様な機能性分子をナノメートルスケール間隔で周期的に配列させるための「型＝テンプレート」として応用する技術がある．この**ナノテンプレート**を**ブロック共重合体**の自己組織化によって作製する技術を「**ブロック共重合体リソグラフィー**」とよんでいる．

6.7.1 ブロック共重合体リソグラフィーの特徴

　半導体産業を牽引している光リソグラフィーは，ナノメートルスケールのパターンニング技術としてよく知られている．しかしながら，加工寸法が小さくなればなるほど高価な装置が必要となり，ばく大な設備投資が求められる．さらに，光の回折による解像度の限界から，加工寸法が 20 nm を下回る微細加工は困難であることが予想されている．これに対し，**ブロック共重合体リソグラフィー**はポリマーの自己組織化を利用するため，高価な装置はいらない．また，製造にかかる消費エネルギーもほとんどなく，安価に製造できる技術といえる．さらに，光リソグ

ラフィーでは困難な 10 nm レベルの微細パターンが簡便に加工できることが大きな特徴である．

6.7.2　ブロック共重合体薄膜の調製

図 6.21 に**ブロック共重合体リソグラフィー**のプロセスを示す．まず，**ブロック共重合体**の溶液をスピンキャスト法によって基板上に塗布し，薄膜を作製する．次に，ガラス転移温度以上での熱アニール，または溶媒蒸気雰囲気下に放置することによる溶媒アニールを行い，as-cast 薄膜（アニール処理前のスピンキャスト膜）中のミクロ相分離構造（📖▶ p.148）の再構築を図る（as-cast 薄膜ではエネルギー的に安定なミクロ相分離構造の形成が不十分であることが多いため）．つづいて，どちらか片方のポリマードメインを選択的にエッチングし，凹凸パターンを得る．

この一連のプロセスの中でみられるいくつかの特徴と注意点を以下に述べる．

（1）スピンキャスト膜の膜厚はキャスト溶液の濃度やスピンキャストの回転数によって制御する．

（2）ミクロ相分離によって形成されるポリマードメインのサイズは，ポリマー鎖の回転半径程度である．すなわち，合成ポリマーの分子量を制御することによって，ドメインサイズを任意に調整できる．

（3）ドメインの形態は**ブロック共重合体**を構成するポリマーの組成

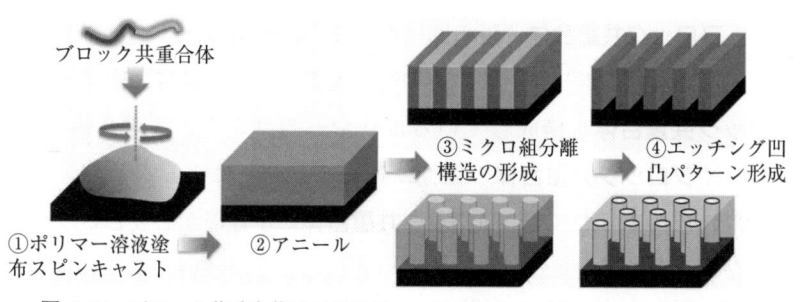

図 6.21　ブロック共重合体リソグラフィーによるナノパターンニングプロセス

比によって決まる．たとえば，**ブロック共重合体**がポリマーＡとＢによって構成されている場合に，通常，ＡとＢの組成比が８：２程度であれば，ＡをマトリックスとしたＢの球状（スフィア）構造が形成される．７：３のときには，ＡがマトリックスのＢの棒状（シリンダー）構造が形成され，ちょうど半々ぐらいの５：５程度では層状（ラメラ）構造が形成される．ＡとＢのこれらの組成比が逆転した場合には，Ｂをマトリックスとした A のスフィアやシリンダー構造が形成される．組成比についても，分子量と同様に合成段階で制御する．分子量やブロック組成比の制御には，通常，リビング重合法（☞ p. 116）（アニオン重合，カチオン重合，ラジカル重合）が用いられる．

（４）基板に対するドメインの配向方向がパターン構造や解像度に大きく影響を与える．通常，スフィアが形成された薄膜において，そのスフィアを選択的にエッチングするとナノホールパターン構造が得られる．一方，シリンダー構造は基板に対する配向方向によって大きく異なる．シリンダー構造が基板に対し垂直に配向した垂直配向型シリンダーからはシリンダーの選択的除去によりナノホールパターン構造が形成されるが，基板に対し平行に配向した平行配向型シリンダーからはライン状パターンが形成される．ラメラについてもその配向は重要である．垂直配向型ラメラからはライン状パターンが形成されるが，平行配向型ラメラからは，どちらか一方のポリマー相が膜を覆ってしまっているために，エッチングによるパターンは得ることができない．ミクロ相分離構造を垂直配向させるために，ニュートラルレイヤーとよばれる中性層を基板と**ブロック共重合体**薄膜の間に用いる方法がある．ミクロ相分離構造の配向は基板とポリマーとの親和性が重要である．通常，中性層には**ブロック共重合体**を構成しているポリマーのランダム共重合体（☞ p. 12）や**ブロック共重合体**の極性に近いポリマーによるポリマーブラシが用いられる．すべての**ブロック共重合体**に中性層が必要というわけではない．垂直配向しない場合に用いられることが多い．

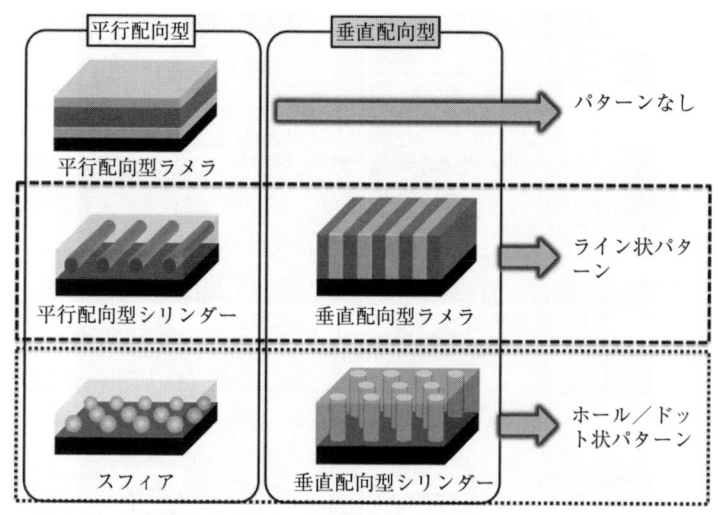

図 6.22 基板に対するミクロ相分離構造の配向性とパターン形状の関係

6.7.3 選択的エッチングによるナノテンプレートの作製

ブロック共重合体リソグラフィーにおいて，より解像度の高い微細加工を行うためには，ポリマードメインの選択的なエッチングが重要となる．**ブロック共重合体**はポリマー鎖の末端が化学的に結合しているために，パターンの一部のみを溶媒で溶かし出すことはできない．そこで，化学的にポリマー鎖を分解した上で，その分解成分を取り除くことになる．主として，オゾン酸化法やUV照射法，**リアクティブイオンエッチング**（RIE）法などが用いられる．酸素プラズマによるRIE法を例にあげると，エッチングのされやすさ，すなわちエッチング速度とポリマーの分子構造には密接な関係がある．通常，ベンゼン環を含む芳香族系ポリマーは脂肪族系ポリマーに比べエッチングされにくく，エッチング速度は遅い．この性質を利用すると，たとえば，ポリスチレン（PS）とポリメチルメタクリレート（PMMA）による**ブロック共重合体**（PS-b-PMMA）では，PMMAドメインが酸素プラズマエッチングによって選択的に除去され，PSドメインが基板上に残る．次に，残されたポリマーをマスクとして，基板のみを選択的にエッチングできる

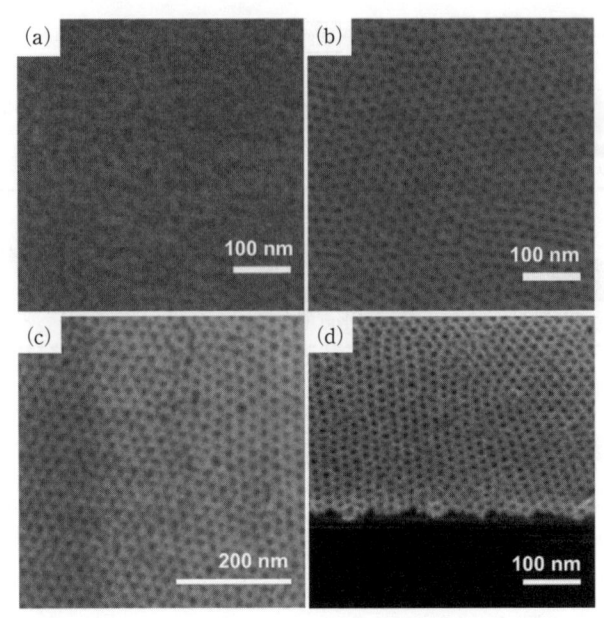

図 6.23 有機・無機ハイブリッド型ブロック共重合体によるナノホール構造形成薄膜の走査型電子顕微鏡写真．(a) as-cast 膜，(b) 溶媒アニール後に形成された垂直配列型シリンダー構造，(c) 酸素プラズマエッチング後に形成されたナノホール構造（上面），(d) (c) の斜め方向からの観察写真

ガスに置き換えて RIE を行うと，除去された PMMA 相の形状にしたがって基板を削ることができる．その後，酸素アッシングなどにより，マスクとして使った PS 相を取り除くと，ナノパターン化された凹凸基板が得られる．エッチング条件にも依存するが，PS と PMMA との間では，およそ 2 倍程度以上のエッチング速度差がある．この程度の差でも微細加工は可能であるが，より高解像度で凹凸構造に高低差のある（アスペクト比の高い）パターンを得るためには，よりエッチング速度差の大きい**ブロック共重合体**が望まれる．PS や PMMA などの炭化水素系ポリマーに比べ無機系元素のケイ素や金属を含んだポリマーは，酸素プラズマに対するエッチング耐性が高い．さらに，無機系ポリマーと有機系ポリマーの組合せからなる**ブロック共重合体**は，互いに反発が強く混ざりにくい．すなわち，斥力相互作用が大きいために界面厚みの薄

い明確なミクロ相分離構造が形成され，エッチングにより解像度の高いパターンが得られる．以上の理由から，**ブロック共重合体リソグラフィー**に用いる材料として，有機・無機ハイブリッド（🔗 p. 184）型**ブロック共重合体**に関心が高まっている．

6.7.4 微細加工サイズとミクロ相分離構造の長距離秩序構造制御

エッチングにより加工されたパターンのサイズは，ミクロ相分離で形成される構造の大きさに依存する．ポリマーの分子量を小さくすれば，構造サイズも小さくなっていくが，極端に小さくすると通常混ざらないポリマーが混ざってしまい，ミクロ相分離構造が形成されなくなる．また，分子量の低いポリマーは基板上で水が弾いたようにディウェッティング（dewetting）を起こしやすく，安定な膜が形成されない．PS-b-PMMAでは，直径20 nm程度のドメイン構造形成が限界とされており，このサイズを下回るパターンの加工は困難である．一方，斥力相互作用の大きい有機・無機ハイブリッド型**ブロック共重合体**からは，10 nm以下のドメインが均一な膜中に形成される材料が見つかっており，シングルナノスケールの加工を可能としている．

電子デバイスなどへの応用を考える場合，加工サイズの超微細化に加え，加工位置の精度も求められる．通常，自己組織化構造は多結晶粒子で構成されている．ミクロ相分離構造においても例外ではなく，狭い範囲では均一に構造が配列しているように見受けられるが，広い範囲で見ると多くの粒子が寄り集まった構造が形成されており，長距離における構造秩序性は決して高くない．しかしながら，**ブロック共重合体リソグラフィー**においては，トップダウン的手法によるガイド構造や潜像を作製することによって，長距離秩序構造の制御も可能となっており，ほぼ構造欠陥のない**ナノテンプレート**がつくられている．

以上の技術要素から，**ブロック共重合体リソグラフィー**技術はテーラーメイドのサイズと形を供給する次世代リソグラフィー技術として，今後，多様な分野で利用され，新材料創出に貢献することが期待される．

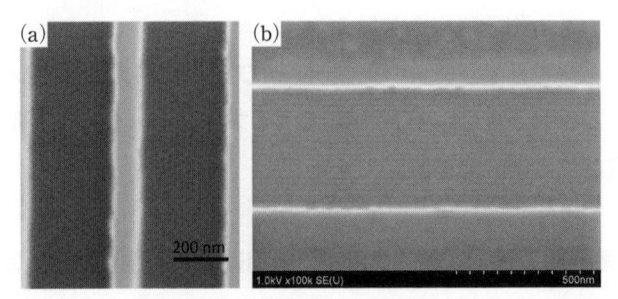

図 6.24　ガイド構造中で長距離秩序構造制御されたミクロ相分離構造

参考文献
1) C. T. Black, *et al*., *IBM J. RES. & DEV*., **51**(5), 605 (2007)
2) 早川晃鏡, 高分子論文集, **66** (8), 321 (2009)
3) 早川晃鏡, 平井智康, 有機・無機ハイブリッド自己組織化材料の開発とブロック共重合体リソグラフィへの展開, 月刊「化学工業」, **60**(6), 39 (2009)

索 引

あ 行

アイソタクティック高分子　11
isotactic polymer

アイソタクティックトリアッド　11
isotactic triad

アタクティック高分子　11
atactic polymer

アニオン重合　**101**, 102, 104, 105
anionic polymerization

アフィン変形　**54**, 55
affine deformation

一次構造　8, **13**
primary structure

1,4-付加　9
1,4-addition

SEC　20
Size Exclusion Chromatography

NMR ⇒ 核磁気共鳴

エネルギー散逸　56
energy dissipation

エネルギー弾性　52
energy elasticity

エンタルピー緩和　41
enthalpy relaxation

エントロピー弾性　45, **48**, 49
entropic elasticity

応力緩和　37
stress relaxation

折りたたみ鎖結晶　69
folded-chain crystal

温度-時間換算則　32
time-temperature superposition principle

か 行

開環重合　111～115
ring opening polymerization

開始剤効率　96
initiator efficiency

開始反応　95, 98
initiation

回転異性体　15
rotational isomer

Gauss 鎖　17
Gaussian chain

Gauss 分布　47
Gaussian distribution

化学シフト　165
chemical shift

核　剤　85
nucleating agent

核磁気共鳴（NMR）　165
Nuclear Magnetic Resonance

かご効果　95
cage effect

索引

数平均分子量 **3**, **4**, 6, 7
number-average molecular weight

カチオン重合 106〜110
cationic polymerization

ガラス転移 41
glass transition

ガラス転移温度 41
glass transition temperature

からみ合い **59**, 60, 62
entanglement

カルボカチオン 106, 107, 109, 110
carbocation

慣性半径 17
radius of gyration

環ひずみ 111, 113
ring strain

管模型 **59**, 62
tube model

緩和時間 37
relaxation time

幾何異性体 9
geometric isomer

基準温度 32
reference temperature

Guinier 則 **144**, 147
Guinier law

逆空間 **153**, 154
reciprocal space

Q-e 値 90
Q-e value

球晶 **67**, 68
spherulite

共役効果 90
conjugate effect

屈折率楕円体 **73**, 74
index ellipsoid

グラフト共重合体 12
graft copolymer

結晶化 82
crystallization

結晶化温度 82, 83, 84
crystallization temperature

結晶化度 77, 78
crystallinity

結晶性高分子 67
semicrystalline polymer

ゲル効果 98
gel effect

原子間力顕微鏡 **155**, 156, 158
atomic force microscope

懸濁重合 189
suspension polymerization

交互共重合体 12
alternating copolymer

高分子結晶 69
polymer crystal

高分子電解質膜 197, 198
polymer electrolyte membrane

高分子溶融体 57, 58, 62
polymer melt

ゴーシュ **14**, 15
gauche

固体高分子形燃料電池 197
polymer electrolyte fuel cell

Gough-Joule 効果 57
Gough-Joule effect

ゴム状平坦領域 39
rubbery plateau region

ゴム弾性 **52**, 55
rubber elasticity

混合エンタルピー 171, 174
enthalpy of mixing

混合エントロピー **172**, 173
entropy of mixing

混合自由エネルギー 171
Gibbs free energy of mixing

コンフィギュレーション 12
configuration

コンフォメーション **14**, 15
conformation

さ 行

再結合　94, 98
recombination

散乱ベクトル　149
scattering vector

Scherrer の式　80
Scherrer formula

シシカバブ構造　70
shish-kebab structure

持続長　17
persistence length

実空間　**153**, 154
real space

実在鎖　**18**, 19
real chain

質量分析　24, 25
mass spectroscopy

シード重合　191, 192
seed polymerization

GPC　20
Gel Permeation Chromatography

シフトファクター　33
shift factor

Zimm プロット　138
Zimm plot

遮蔽効果　165
shielding effect

自由回転鎖　16
freely-rotating chain

重縮合　**120**, 121, 122, 124, 125, 128
polycondensation

自由体積　41
free volume

終端緩和時間　**59**, 62
terminal relaxation time

重付加　120, **125**
polyaddition

重量平均分子量　3, **4**, 6, 7
weight-average molecular weight

自由連結鎖　16
freely-jointed chain

小角 X 線散乱　149
small-angle X-ray scattering

シンジオタクティック高分子　11
syndiotactic polymer

シンジオタクティックトリアッド　11
syndiotactic triad

スケーリング　48
scaling

成長反応　94, **96**, 98, 99
propagation

静的光散乱　**138**, 142
static light scattering

Senarmont 法　159
Senarmont method

層間挿入法　183, **184**
intercalation method

相互作用パラメーター　174
interaction parameter

走査プローブ顕微鏡　154
scanning probe microscope

相分離　173
phase separation

相分離構造　177
phase separated structure

相容化剤　180
compatibilizer

相溶性　172, 182
miscibility

相容性　180, 182
compatibility

ソープフリー重合　190, 192
soap-free emulsion polymerization

ゾル-ゲル法　183, **185**
sol-gel method

損失正接　38
loss tangent

損失弾性率　38
loss modulus

た 行

ダイアッド 10
diad

タクティシティー ⇨ 立体規則性

WLF 式 43
William-Landel-Ferry equation
(WLF equation)

逐次重合 **89**, 90
step-growth polymerization

超微粒子直接分散法 183, **186**
direct dispersion method

貯蔵弾性率 38
storage modulus

停止反応 94, 97, 98
termination

定常状態 100
steady-state

電界発光 195
electroluminescence

透過型電子顕微鏡 153, 158
transmission electron microscope

動的粘弾性 38
dynamic viscoelasticity

動的光散乱 138, **141**, 142
dynamic light scattering

導電性 193〜195
conductivity

頭-尾結合 8
head-to-tail linkage

トランス **14**, 15
trans

トリアッド 10
triad

な 行

ナノコンポジット **182**, 187
nanocomposite

ナノテンプレート 202, 207
nanotemplate

ナノフィッシング 49
nanofishing

乳化重合 189, **190**
emulsion polymerization

ネオフック弾性 54
neo-Hookean elasticity

熱力学第二法則 46
the second law of thermodynamics

粘弾性 35
viscoelasticity

燃料電池 197, 198
fuel cell

伸びきり鎖結晶 70
extended-chain crystal

は 行

配位エントロピー 174
configulational entropy

π 共役系高分子 193〜196
π-conjugated polymer

排除体積 **18**, 19
excluded volume

ハイブリッド 184
hybrid

バックバイティング 112, 113
back-biting

パーフルオロスルホン酸膜 198〜200
perfluorosulphonic acid membrane

微結晶サイズ 77, 80
crystallite size

ビニル重合 89〜91
vinyl polymerization

付加縮合 120, **126**
addition condensation polymerization

不均化 94, 98
disproportionation

複屈折 **73**, 76, **159**
birefringence

複素弾性率　38
complex modulus

プラトー弾性率　**58**, 60
plateau modulus

Fourier 変換　**153**, 154
Fourier transform

ブロック共重合体
　12, **91**, 92, 202〜207
block copolymer

ブロック共重合体リソグラフィー
　202, 203, 205, 207
block copolymer lithography

プロトン伝導性　197〜199, 201
proton conductivity

プロトン伝導チャネル　199〜201
proton conductive channel

Flory-Huggins 理論　172, 174
Flory-Huggins theory

分散重合　190
dispersion polymerization

分子量分布　6
molecular weight distribution

平行ニコル法　160
parallel Nicol method

平衡融点　82, **84**
equilibrium melting point

ヘテロタクティックトリアッド　11
heterotactic triad

偏光顕微鏡　**72**, 73, 76
polarized light microscope

Hoffman-Weeks プロット　84
Hoffman-Weeks plot

Porod 則　147
Porod law

ポリアミド　133
polyamide

ポリエステル　132
polyester

ポリエチレン　129, 131
polyethylene

ポリスチレン　129, 132
polystyrene

ポリマーブレンド
　171, 174, **175**, 177
polymer blend

Boltzmann のエントロピー公式　47
Boltzmann's entropy equation

ま 行

マクロブラウン運動　33
macro-Brownian motion

マスターカーブ　32
master curve

Maxwell 模型　36
Maxwell model

末端間距離　16
end-to-end distance

末端官能基化ポリマー　**91**, 92
end-functionalized polymer

MALDI-TOF MS　25
Matrix Assisted Laser Desorption Ionization-Time Of Flight Mass Spectroscopy

マルテーゼクロス　76
Maltese cross

ミクロ相分離構造　**148**, 150
micro-phase separated structure

ミクロブラウン運動　33
micro-Brownian motion

みみず鎖　17
worm-like chain

メソ　10
meso

や 行

Young 率　**54**, 56
Young's modulus

揺動散逸定理　61
fluctuation-dissipation theorem

溶融重縮合　133
melt polycondensation

ら 行

ラジカル重合　**93**, 94, 97, 100
radical polymerization

ラセモ　10
rasemo

ラメラ結晶　68～70
lamellar crystal

ランダム共重合体　12
random copolymer

ランダムコイル　15
random coil

リアクティブイオンエッチング
　　205
reactive ion etching

理想鎖　17
ideal chain

リターデーション　160
retardation

立体規則性　9
tacticity

立体配置 ⇒ コンフィギュレーション

リビング重合　116～118
living polymerization

Rayleigh 散乱　137, 138
Rayleigh scattering

レプテーション　**61**, 62
reptation

連鎖移動反応　94, 99
chain transfer

連鎖重合　89
chain polymerization

分子から材料まで　どんどんつながる高分子
――断片的な知識を整理する――

　　　　　　　平成 21 年 11 月 30 日　　発　　　　行
　　　　　　　平成 23 年 4 月 30 日　　第 2 刷発行

編　者　　渡　辺　順　次

発行者　　吉　田　明　彦

発行所　　丸善出版株式会社
　　　〒140-0002　東京都品川区東品川四丁目13番14号
　　　編集：電話（03）6367-6108／FAX（03）6367-6156
　　　営業：電話（03）6367-6038／FAX（03）6367-6158
　　　http://pub.maruzen.co.jp/

Ⓒ Junji Watanabe, 2009

組版印刷・中央印刷株式会社／製本・株式会社 星共社

ISBN 978-4-621-08180-8 C3058　　　Printed in Japan

JCOPY 〈(社)出版者著作権管理機構 委託出版物〉
本書の無断複写は著作権法上での例外を除き禁じられています。複写される場合は，そのつど事前に，(社)出版者著作権管理機構（電話 03-3513-6969，FAX 03-3513-6979，e-mail：info@jcopy.or.jp）の許諾を得てください。